実録

戦闘機パイロットという人生

The life called the fighter pilot

元自衛隊空将
南西航空混成団司令

佐藤 守

青林堂

はじめに

私は、航空自衛隊のパイロットとして34年間、総飛行時間約3800時間の空中生活を体験しました。

搭乗した機種は練習機のT－34（以下T34と略）、戦後初の国産中間練習機T－1（同T1）、頑丈な古いT－33（同T33）、その後は国産のT－2（同T2）、T－4（同T4）の5機種。戦闘機は、朝鮮戦争時代の主力ジェット機・F－86F（同86F）、空飛ぶ〝ダンプ〟の異名《いみょう》を持つF－4ファントム（同F4）、国産の支援戦闘機F－1（同F1）の3機種でしたが、最後の有人戦闘機と騒がれたF－104DJ（F104）、F－15DJ（同F15）、さらに米空軍のF－16D（F16）の後席にも搭乗しました。

そして通常は4～6Gくらいの荷重《かじゅう》を受けつつ格闘戦（空中戦）訓練をするのですが、3空団（三沢）司令時代に体験したF16による対地攻撃訓練では、実に9Gを10回かけられました。9Gとは、簡単に言えば体重が9倍になることですから、60kgの私が540kgの荷重を全身に受けつつ飛行する状態です。もちろん20秒も継続すれば失神します。この場合は、対地攻撃後ただちに回避するために9Gの急旋回を約8秒間、合計10回体験したということです。

前席の米軍大尉は31歳でしたが、後席の私は齢《よわい》52歳の〝老パイロット〟でしたから、正直言ってかなり苦しいフライトでした。しかし、日本人として若い米軍パイロットに苦しい顔は見せられません。1時間半〝平然と〟振る舞ったものです。

ギリシャ神話には、幽閉されていた塔から脱出するため、ロウ付けの翼を背負って飛んだイカロスの話が出てきますが、人類は大空を飛びたいという夢を持っていました。

その後、1889年にオットー・リリエンタールが『飛行技術の基礎としての鳥の飛翔』という今でいう航空工学専門書を出版し、現代のハンググライダーのような機体を完成させます。しかし、この機体は操縦者が体をずらして重心を移動させるという難しいものでしたから、ついに彼は墜死《ついし》してしまいます。しかし彼の偉大さは、空気よりも重い人間が空中を飛べるということを実証したことでしょう。

実は同じ頃日本でも、愛媛県八幡浜市矢野町出身で陸軍従軍中の二宮忠八《にのみやちゅうはち》が、同じ年に「飛行器」を考案し、その翌年にはゴム動力による「模型飛行器」を製作しています。

そして軍用として軍に「飛行器」を申請しましたが受理されず、以後独自に研究したのですが、残念にも人間が乗れる実機の完成には至りませんでした。

その後1903年12月17日に米国のライト兄弟がノースカロライナ州キティホーク近郊にあるキルデビルヒルズで、12馬力のエンジンを搭載《とうさい》したライトフライヤー号で有人動力飛行に成

復元されたフライヤー号（高校後輩の前田建氏が製作・写真提供）

功したことは有名ですが、あれからまだ112年しか経《た》っていないのに、今や宇宙時代になり、地表から350㎞離れた宇宙空間で生活することが可能なところまで発展しました。これはいかに人類が宇宙空間に憧れているかの証明でしょう。

防大後輩の油井《ゆい》君はF15から宇宙パイロットに進みましたし、50歳の若田光一《わかたこういち》さんは、国際宇宙ステーション（ISS）で日本人初の船長を務《つと》め、3時間半で地上に戻ってきました。今やそれほど宇宙空間は身近な存在に変化しています。

私は高度6万1000フィート（約18㎞）の成層圏を少し覗いた程度でしたが、それでも十分〝神秘的な〟体験でした。

現代人は仕事に忙しく、ビルの中や地下街で過ごし、外に出ても地下鉄などの交通機関を利用するので、普段はあまり〝大空〟を見上げる機会は少ないのですが、そこには実に素晴らしい未知の空間が広がっているのです。仲間の多くはそんな空間で、実際に〝未知との遭遇〟も体験しています。

今回は、地上では体験出来ない3次元の世界の一部を、私のつたない体験からご紹介して、若い方々の大空への夢を膨《ふく》らませたいと思いました。

しかし、私の体験は「航空自衛隊ジェットパイロット」としての体験であり、世界を結ぶ大型機での経験ではありません。

「平和的じゃない」と苦言を呈《てい》されそうですが、「戦闘訓練」は食うか食われるかの世界ですから、一見殺伐《さつばつ》としているようにみえますが、実は人間としての〝限界〟が試される、「大空の道場」だと私は考えています。

そんな世界で〝修業？〟してきた一人の男の体験談に過ぎませんが、航空自衛隊員総勢約5万人の中でも、パイロットは約3％程度に過ぎない存在ですから、あまり聞くことが出来ない話かもしれません。

そこでこれから、特に宇宙に関心を持っている若い方々に私の体験を通じて、空に生きる男達の行動と考え方の一部を理解していただけたら嬉しく思います。

専門用語が多いのは仕方ありませんが、極力解説をつけました。また、教官や同期生などの一部は実名で書きましたが、これは〝フィクション〟ではないことを示すためです！

若者達が大空への夢を抱くきっかけになれば幸いです。

〔目　次〕

第1章

パイロットに憧れて……飛行教育

1、私の生い立ち

父が克明に記録していた日記によると私は「昭和十四年八月二十七日午前六時十五分に樺太庁（現在のロシア領サハリン）豊原市の高田産科病院で出生」とあります。

その後、父の転勤に伴い、昭和十五年六月に、樺太《からふと》から日本列島を縦断して、一気に長崎県佐世保市相浦町に一週間かけて移動しました。父が佐世保の帝国海軍鎮守府《ちんじゅふ》用に建設中であったパワープラント・相浦火力発電所に勤務することになったからです。

相浦火力発電所

その後始まった大東亜戦争は、相浦町で経験することになったのですが、山一つ越えた佐世保の町は空襲で焼け野が原になり、私もB－29の大編隊による夜間空襲を目撃しましたし、昼間には発電所に石炭を輸送中の船舶を攻撃する戦闘機から、〝ついでに〟機銃掃射を受けて溝に飛び込んで泣いて家に戻ったこともありました。

撃墜されたB－29の残骸《ざんがい》を佐世保市内に〝見学〟に行ったこともありましたが、その巨大な車輪に驚いたことを覚えています。今ではそれよりもっと大きいゴムタイヤがありますから、少しも驚きませんが……。

終戦後は食糧調達に向かう父に同行して、原爆を受けた長崎市内を歩いたこともありましたが、小学校3年生の時には再び長崎市内を見て回り、爆心地で焼けただれた石やガラス片などを拾って、理科の先生に提出したこともありました。

竹刀担いで防大へ

当時の先生も私達も、放射能のことなど全く知りませんでしたから、10点ほどの残骸を前に、「これがピカドンで焼けた一升瓶のかけらだ」などと解説する先生の言葉を熱心に聞いたものです。
今でしたら、先生は卒倒《そっとう》し、私は〝隔離〟されていたかもしれません。どのくらいの放射線量だったか知りませんが、〝鼻血〟が出なかったことは確かです!
昭和二十九年に、父の定年に伴って福岡市に転居しましたが、その後昭和三十四年までの多感な中学・高校生時代を米軍板付《いたづけ》基地（現福岡空港）から飛び立つジェット戦闘機の勇姿に影響を受けつつ成長しました。
そんな単なる空への憧れが強い動機に変化したのは、当時対馬海峡に不法に引かれた李承晩《りしょうばん》ライン周辺で、韓国警備艇に銃撃され拿捕《だほ》されて苦しんでいる我が国の漁民達の実態を知った時でした。いかに戦争に負けたからとはいえ、力なき国家の惨めさが身に染《み》み「俺が漁民を守ってやる！」と大それた考えを抱いて防大に入校したのです。

2、防大の学生時代

(1) 体験搭乗で自信喪失!?

防大に入校して、2学年に進級する時に、陸・海・空の要員と専攻科目を指定されますが、私は憧れの「航空要員」と「航空工学専攻」に進むことが出来ました。

その後、座学教育で自分の誕生日に世界初のジェット機・カプロニカンピーニが初飛行したことを知った時、自分はジェットパイロットになる運命にあるのだ……などと自惚《うぬぼ》れ、有頂天《うちょうてん》になったものです。

ところが昭和三十六年八月四日、防大3年生の夏休み前に、体験搭乗したT33練習機で酔ってしまい、自信を喪失して危うく挫折《ざせつ》しそうになりました。

当時の防大では、3年生になるとそれぞれ陸・海・空の職種ごとに分かれて全国各地で部隊実習をします。私は航空要員でしたから、T33で基本操縦教育をしている航空自衛隊第16飛行教育団（築城《ついき》基地）で一か月近く実習しました。その最後の仕上げともいうべき体験搭乗は、今では考えられないことですが航空生理訓練（チャンバー）抜きで全員体験搭乗出来たのです。

ただ残念なことに、航空機とパイロットの振り回しがきかないので、二十名の実習生のうち半分の十名がT33ジェット練習機で、残りの十名は、当時救難用として築城基地に配属されていたプロペラ機・T34メンターに搭乗することになったのです。

そしてまずT33に乗る十名を「あみだ籤《くじ》」で選んだのですが、最後の十人目に私が当たりました。念願かなって憧れの「ジェット機」に乗ることが出来た私の喜びようを察してください。

そしてついにその日がやってきます。

救命装具の装着が簡単なT34メンター搭乗者は午前中に体験搭乗を終了していましたから、私は同期の村田学生に「旋回する時の舵《かじ》の使い方」を尋ねました。

すると彼はいとも簡単に「右旋回する時は、操縦桿《かん》を右に倒し、右ラダーをぐっと踏み込む。そうすると機体は右に旋回する」と身振り手振りよろしく教えてくれたのです。私はそれを反復演練しながら、プロペラ機とジェット機の性能上の差も知らずに機上の人になりました。

パイロットは船渡1尉というベテラン教官でした。キャノピーが閉じられると、今までの元気はどこへやら、奇妙な閉塞《へいそく》感が襲ってきました。

やがて滑走路の端に停止して、離陸前のエンジン・チェックに入ると、機体の振動と金属音、それに冷却された空気が足下と肩の後ろから勢いよく吹き出してきたので、頭の中は空っぽに近い状態でした。

ガクンとブレーキを離すショックの後、徐々に加速した機体はぐんぐん上空に舞い上がります。私は嬉しさと怖さとが入り交じってキャノピー・フレームをしっかり掴《つか》み、次第に遠ざかって行く地表を眺めていて、時折交わされる交信なんぞ夢の中でした。

四国の瀬戸内海側で、一通り簡単な科目を体験した後、船渡教官がインターホンで「佐藤学生、操縦してみるか？」と話しかけてきました。

「はいっ」（いよいよこの俺がジェット機を操縦するんだ……）

そう思うと元気が出ました。初めて手にする操縦桿の感触が何とも言えません。

「それでは右に旋回してご覧」

「はいっ」

私は村田学生から教わった通りに操縦桿を勢いよく右に「ぐいっ」と倒して右ラダーを力いっぱい踏み込みました。その途端異様な圧力を体中に感じ、何が何だか分からなくなったのです。世界がぐるぐると回っています。必死で止めると、そこには今まで見たこともない世界……陸地が上で空が下……の景色が広がっているではありませんか！

しかも上にある陸地から煙突《えんとつ》が下に突き出ていて、煙が下に流れているのです……。私は完

全にパニックに陥《おちい》っていました。教官は落ち着いたもので、

「上下がさかさまだよ。早く直しなさい」

と言って助けてくれません。外を見れば見るほどこんがらかって、どうしようもありません。その時、目の前に航空適性検査の学科試験で見たことがある「姿勢指示器」があるのに気が付き、それを頼りにようやく機体を水平に戻すことが出来た時には、体中から脂汗《あぶらあせ》が吹き出していました。

「はいOK」

そう言って教官は操縦桿を取ると、何事もなかったかのように、

「この飛行機は舵がよく利くだろう？　特にロールは抜群ダネー」

と言うと、いきなりエルロン・ロールを左右に連続してうったのです。胃の辺《あた》りがきりきりと痛み、口には「酸っぱいもの」が流れ始めてきて、早く地上に降りたくなりましたが、教官が、

「佐藤学生は福岡の出身だったね。家はどの辺かね……」

と聞きます。

「国道3号線沿いの香椎花園のそばの名島です……」

と答えると、

体験搭乗で酔い自信喪失！

着陸後教官の船渡1尉と

「着陸する前にちょっと見て来ようか！」

と言うなり機首を西に向けました。我が家を空から見たい気持ちはありましたがどうも気分が悪くてそれどころではありません。

「板付基地の管制圏のそばですから……」

と控え目に釘を刺してみましたが、

「大丈夫、管制圏内には入らないさ……」

という答え。遠賀川《おんががわ》を越え、国道沿いに飛んでいる時に、

「645（機番号）、645、築城タワー、RTB（帰投せよ）」

という交信がレシーバーに入ってきました。築城管制塔から帰投の指示が出たのです。私にとってはまさに天の声でした。

車輪が滑走路をこすり、キャノピーが開いて新鮮な空気に触れた瞬間の喜びは例えようがありませんでした。ようやく地上の人となり重いディンギー（浮舟）を持って飛行隊に戻ると、村田学生が「おい、顔色が悪いぞ」と私をからかいます。彼に言い返す気力もなく、本気で私はパイロットに向いていないのではないか？　と悩んだのでした。

(2)メンターで橋を潜った話

開通直後頃の若戸大橋

この時、T34メンターで体験搭乗した同期の比企学生が、完成間近の「若戸大橋」の下をくぐり抜けたことが後になって判明して問題になりました。もちろん彼が操縦していたのではありません。

北九州上空を飛行中、その当時若松側と戸畑側から架橋工事中であった「若戸」大橋が中央で連結した姿を見つけた大ベテランの前席の教官が、「若戸大橋もようやく繋《つな》がったね」と言ったので、彼は、「そうですね……」と受けたまでは良かったのですが、つい、

「くぐれますか？」

と言ってしまったらしいのです。すると教官は、

「ウン、くぐれるよ」

と言うや、スーッと降下して、いとも簡単に橋の下を通過してしまったというのです。

我々実習生は「何事もなく」実習を終えて夏休みに入り、築城基地を後にそれぞれの故郷に帰ったのですが、比企学生だけは熊本駅から基地に呼び戻され、教官と共に事情聴取を受けたのです。

後で私が得た情報を総合すると、T34が航過した時、たまたま橋の下を貨物船が通過中でそのわずかな隙間《すきま》をメンターは「見事に」通過したそうですが、これを橋の上から見て驚いた工事関係者が「まだ連結したばかりでロープなどが下に垂れ下がっているから注意して飛んでほしい」とパイロットに伝えようと思ったらしいのです。

今では信じられないでしょうが、この頃の日本人は現在のように世知辛《せちがら》くなく、おおらかで、自衛隊機や米軍機の低空飛行を見つけると「鬼の首でもとったような抗議」や「報道」をするイデオロギスト達は少なかったのです。

しかし問題は拗《こじ》れて、ついにベテラン教官の首が飛んでしまいます。どうしてベテラン教官の首が飛ぶことになったのか？

若戸大橋は、当時ゼネコンのT建設とH組が両端から建設していました。その関係者によれ

ば「ようやく連結出来たものの、まだ工事は完全に終わっていないから危険ですよ」と通知するつもりで、近傍《きんぼう》のT34型機保有基地である海上自衛隊小月基地に問い合わせたのですが、小月基地では「当日は訓練していなかった」と言います。そこで今度は航空自衛隊の防府《ほうふ》基地に問い合わせたところなんと防府も「飛んでいなかった」と言うではありませんか。間違いなくT34を目撃した工事関係者達は「自衛隊は隠しているのではないか？」と疑い始め、ついに「中央」に問い合わせたのです。

問い合わせを受けた担当者が驚いて両基地に確認したが、返答は「NO」。そこで本格的調査が開始されて、ことは次第に大きくなっていきます。

数日後、ようやく築城基地にも救難用のT34があることに気が付いた担当者が電話を入れると「当日飛びましたよ」という答え。「若戸大橋の下を潜ったのか？」との問いに対して悪びれることもなく「はい」という返事です。

こうしてお定《き》まりの「大問題」になってしまったのですが、すでに「犯人（？）の一人」は休暇に入っています。担当者の「ただちに呼び戻せ」という指示で、比企君は熊本駅に着いた途端、マイクで駅長室に呼びつけられ、汽車賃を「駅長から借りて」ただちに築城基地に引き返したのでした。

死んだ子の年を数えるようなものですが、最初に電話を受けた基地関係者が、事情が事情なのだから自分の部隊のことだけ回答せずに、もう少し気を利《き》かせて関係部隊に照会していたら、もっと早くに解決しただろうと悔《く》やまれます。

3、幹部候補生学校時代

(1)操縦適性検査

防大を卒業して奈良にある幹部候補生学校に入校しましたが、当時の教育内容は防大卒の我々には〝再教育〟の感じがして不満でした。しかし、ここでの私の目標は体力気力の練成にありましたから、「築城での体験搭乗」の時のような恥はかきたくないとひたすら体力錬成に努めました。

我々防大7期生は、防大卒業時は百二十五名でしたが、奈良に入校したのは百二十名（五名はいわゆる任官拒否）でした。

その中で、航空適性検査と航空身体検査に合格したのは半分の六十名、それが2班に分かれて三十名ずつ防府基地で「T34の実機」による「適性検査」を受けるのです。

生まれて初めてTO－1という分厚い技術指令書と操縦教範を読み、「万全の態勢？」で検定飛行に搭乗するのですが、いつもエンジンが唸《うな》りだすと詰め込んだ知識は風と共にふっとんでしまいます。しかし、私の担当検査官の橋本巳之作1尉は少年飛行兵出身の老練な方で、飛行体験が豊富でしたから、指導も「実戦的」で実に理解しやすく、そのお陰《かげ》で救われたように思います。

　中間チェックで、戦後育ちの若手教官と同乗した時に、上空でいきなり「パワー・オン・ストール（エンジンを回したままで失速させる）」からの回復を命ぜられたのですが、これは教官の「デモンストレーション」だと思い込み、キャノピー・フレームを掴んでのんびり外を眺めていた私には全くの不意打ちでした。

　心の準備が出来ていなかったから大いに慌《あわ》ててしまいましたが、飛行機はすでに「錐《きり》もみ」状態に入っていたので操縦桿にしがみつくのが精一杯で、ようやく回復したものの手順は全く狂っていたのです。それからのフライトは、教官との「腹の探り合い」になってしまいました。こうなると人間関係はお終《しま》いです。ベテラン教官にとっては「ヒヨコ」にもなっていない学生なんか「相手」じゃありませんでした。

　散々《さんざん》な目に遭《あ》って降りてきた私を一目見た橋本1尉は、隊舎の裏に私を連れて行き、芝生の上に腰を下ろしてスナックからジュースを取り寄せて飲ませてくれながら、検定飛行の状況を聞いてくれま

適性検査を受けたT34メンター（同型機）

したが、まるで「親父」から慰められているようでした。

この時の私の中間チェックの結果は「過度の緊張感あり」と判定され、際《きわ》どかったといいますから、きっと橋本1尉が後で若い検定官と「談合《だんごう》」して救ってくれたのでしょう。

(2) ラスト・ディッチ・マヌーバー体験

最後のフライトは橋本1尉と飛びましたが、実に楽しいフライトでしたから自分でも満足な最終飛行であり、不合格になっても悔いはないと思いました。ところが、課目が終了する頃から、瀬戸内海上空は全天雲に覆《おお》われて地表が見えなくなってしまったのです。

「コール・オフ（帰投指示）」が出され、訓練機は慌てて基地に引き返し始めましたが、橋本1尉は「佐藤学生、よく見ておけ。戦場で生き残ってきた私の得意技を教えておく」と言うと、雲が比較的薄そうな場所を選んで降下姿勢に入りました。

「雲に覆われて下の地形が確認出来ない時は、絶対に直線降下をしてはならない。わずかな隙間から地上の状況が確認出来たら螺旋《らせん》降下をするのだ。直線降下をすると、不意に目前に山があっても避けられない。いいか。右翼端延長線上の雲に霞《かす》んだ小島をよく見ておれ」

そう言うと、右方向へ大きく機体を傾けてスパイラル降下を始めたのです。

右翼端延長線上にかすかに見える瀬戸内海の小島は、まるで翼に押さえられたように保持されています。エンジンの唸りが激しいので勢いよく降下しているように感じられたのですが、機体の降下速度は３００フィート／分くらいでした。

やがて無事に雲から出て何事もなく帰投したのでしたが、雲の下に降下出来なくて苦労した訓練機もあったのです。

ジェット機の時代になって、このような方式が通用するとは思えませんが、数々の戦闘を生き抜いてきた者だけが編み出した、教範にも書かれていない究極の「ラスト・ディッチ・マヌーバー」は、その後の私のパイロット人生に終生忘れがたい教訓として大きな影響を与えました。

今や、マニュアル時代。教えられたこと以外には頭が働かない事故が頻発《ひんぱつ》していますが、人間は「考える葦《あし》」です。それは〝体験〟から生まれることを私は〝体験〟したのです。

やがて適性検査の最終合格者発表があり、その数も三十名に減っていましたが、幸運にも私はその中に選ばれました。

航空適性検査に合格して「パイロット要員に選ばれた」と父に報告した時、「そういえばお前が生まれた日の朝、空には轟々《ごうごう》と日本軍の飛行機が飛び、お前のベッドには旭日をバックに日の丸を付けた飛行機が描かれていた」と言われたので、やはり〝天命だ！〟と思ったものです！

十一月に入ると一般幹部候補生課程を卒業した飛行職域以外の仲間達はそれぞれの任地に散っていきましたが、我々三十名は第3中隊に残って、英語漬けの毎日が始まりました。

当時の幹部候補生学校第3中隊はパイロット教育の入り口であって、英語教育と体育訓練に明け暮れていました。建物は古かったものの、米空軍から譲り受けた教育設備は当時としては「最新式」のもので、民間の施設をはるかに凌駕《りょうが》する時代の最先端をいっていたのです。現在、英会話教室の「ブース講堂」は常識ですが、ここから発展したといっても過言ではないでしょう。

(3) 3尉（少尉）に任官、パイロットとしての決意

昭和三十九年三月二十三日に3尉（少尉）に任官したのですが、任官の挨拶状はこうでした。

「謹啓　時下陽春の候、皆々様にはいかがお過ごしですか、お伺い申し上げます。私儀この二十三日付で少尉（3尉）に任官致しました。世の中はあげて泰平ムードに浸っておりますが『治に居て乱を忘れぬ』精神で任務に励むのが私達軍人の務めであり、この時機に責任ある将校として、またパイロットとして、祖国のために役に立てる事は無上の光栄であります……。略」

任官したこの日、新しい階級章を肩に付けて、私は授業終了後に橿原《かしはら》神宮に独り参拝したの

ですが、この日からつけ始めた「将校日記」には、

「本日をもって少尉に任官す。昨日までとは自ずと違い、責任が大きく伴う事を痛感す。将校として恥じぬ行動を取る事を決心す。

1800、奈良南部、橿原宮に独り参拝し、少尉任官を神前に報告す。

すでに日は没し、人影もなく身のひき締まるを覚ゆ。

わずかに半月の照らしだす白砂の道が、ほの白く浮かんで見ゆるのみ。

『黒々と、重く横たふ橿原の宮に参りて任官を告ぐ。

月明に、白く浮かびし玉砂利を踏みしめ我は曲がらずに行く』」

と、書き込んでいますが、当時の張り切り〝少尉〟の姿が目に浮かびます。

入校間に、二人の仲間が去っていきました。一人は家庭の都合《つごう》で、もう一人は酒の上でのトラブルで処罰され、パイロット・コースから除名されたのです。

こうしてパイロット要員は二十八名になってしまいましたが、五月に浜松基地で低酸素、低気圧の中で訓練するチャンパー（低圧生理訓練）を体験した時、「約四十秒で正確なる動作不能状態になった」と記録しています。

引き続いて陸上自衛隊第1空挺団で空挺降下訓練を受けました。

ここでは連日、今風に言うと「ストレッチ体操」で体力向上を図り、最後に80ｍの降下塔か

ら落下傘降下して仕上げになります。その間はサバイバルの基本教育で蛇などを体験喫食《きっしょく》させられたり、空挺団並みの厳しい体力検定を受けるのですが、多くの仲間達が「特級」を取って空挺団の猛者《もさ》達を驚かせたことが若き日のいい想い出でした。

そしていよいよ卒業ですが、五月二十七日の卒業前日に、第3中隊長・井村2佐は、

①自分は静浜（防府）の学生である、という意識を持て。

②教官の言は100%聞け。

③自分白身をコントロールせよ。

④学生のうちは、自分の腕を過大評価せよ。

と訓示しました。

卒業当日の第2教育部長、野呂1佐の祝辞は、

①操縦は人格であり芸術である。

②人がそのまま表れる。欠点を直し完全になれ。

③操縦にも「段」がある。自身で付けて自身で判断せよ。

というもので、特に「操縦は芸術」、「人がそのまま表れる」という言葉は印象的でした。

私は後に浜松で86Fによる戦闘機操縦教官を命ぜられたのですが、この言葉はまさに「至言である」と確信するに至りました。

こうして第1次要員の我々「65－C」コースの十四名は、五月末に俗称「奈良監」を出所し、防府と静浜《しずはま》基地の2班に分かれて出発したのです。

私は第11飛行教育団（静浜基地）を指定され、意気揚々《いきようよう》と旅立ちました。

第2章

操縦課程学生時代

1、第1初級操縦課程（T34メンター：静浜基地）

⑴空の勇者・西原五郎隊長

昭和三十九年六月一日、衣嚢《いのう》一つを抱えて藤枝駅に降り立った我々を待っていたのは、幌《ほろ》付きのトラックでした。舗装もされていない農道を通って基地に着いたのですが、あまりにもこぢんまりとした部隊だったので面食らったものです。

「当基地は小さな基地にして、周りは田畑なり。交通の便極めて悪く、厚生面も寂しき限りなり。されど主体は学生にして、不便を押しての支援隊員に感謝の念を忘れるべからず」と着隊第一日目の印象を「将校日誌」に書いていますが、翌六月二日、第11飛行教育団第1初級課程の入校式で、「航空自衛隊をリードする気構えを持て。己の心の姿勢を正せ。色気を出すな。己れに勝て」と式辞を述べた団司令・東條道明1佐は、南方洋上の激戦で、被弾した愛機から脱出する際に受けた火傷《やけど》の跡が今でも顔面に残っている旧海軍戦闘機乗りの勇士でした。

若い頃はきっと「紅顔の美青年」だったであろうと思われる団司令の姿から、私は戦闘機乗りの厳しさを目《ま》の当たりにしたのでしたが、驚いたことに第1飛行教育隊長・西原五郎3佐もあのノモンハン事変の生き残りで、こともあろうに被弾炎上して降下する戦隊長機を追いかけ、草原に不時着した戦隊長機のそばに自らも着陸し、燃え盛る97式戦闘機から戦隊長を助けだして帰還して、金《きん》鵄《し》勲章《くんしょう》を授与された勇者でした。

物静かな隊長からは、当時日本中を沸《わ》かせたあの救出劇の本人であるとは全く想像出来ませんでしたが、後になって、自慢話をしない隊長に懇願《こんがん》して当時の体験談を語ってもらったことがあります。

ノモンハンで大活躍した陸軍の97式戦闘機

その時隊長は「エンジンをアイドルにして地上に飛び降りたのだが、パーキング・ブレーキが付いていないので苦労してね。戦隊長は勢いよく燃えている操縦席で『熱い、熱い』と呻《うめ》いていたので無理やり引き摺《ず》り出したが97戦は1人しか乗れない。敵の戦車はどんどん近付いて来て、そばに戦車砲弾が届くようになって来た。そこでやむを得ず大火傷をしている戦隊長を操縦席の後ろの物入れに押し込んで離陸滑走を始めたんだけど、もう敵がそこまで来ていてね。弾がピュンピュン飛んで来ていた……。戦隊長は痛かっただろうなあ。基地に帰り着くまで『熱い、痛い』と物入れの中で呻いていたよ」と淡々と語ってくれましたが、生まれて初めて聞く戦場の実相に身が引き締まる思いがしたものです。

その西原隊長は入校した我々に、

①操縦技術は小手先で覚えようとすればつらい。

②自己との戦いであり、易《やす》きについてはならない。自律心、自制心が大切である。

③操縦教育は冷酷である。神経を太く持て。人間は苦しむことによって一人前になる。

④パイロットである前に軍人、社会人、日本人であることを忘れてはいけない。

と諭《さと》すように語り、教育期間中に「操縦学生修学の参考」という謄写版《とうしゃばん》刷りの「心構え集」を3回にわたって配布してくれました。

私は今でもそれを大切に保管していますが、経験から出た言葉はまさに「値千金」の重みがあります。

飛行群本部の兼務教官として時々我々を指導してくれた吉良1尉も、大戦の時はあの有名な加藤隼《はやぶさ》戦闘機隊の一員であったというくらい、この部隊の幹部、教官の中には、実に多彩な歴戦の勇上達が多く、若い防大出の我々に精神的な大きな贈り物をしてくれたように思います。

(2) 担当教官・中原3尉

静浜基地の外見は小さな基地にしか見えなかったのですが、中身は実に濃い恵まれた環境下で我々の初級課程は開始されたのです。

私の担当教官は、操縦学生7期出身の中原中和3尉（26歳）でした。彼は宇都宮・仙台・静浜基地と長年T6型練習機の操縦教官でしたが、この六月から静浜基地がT34メンターによる操縦教育部隊に改編されたため、その操縦教官に転換したのです。600馬力、2・7トンもあるT6に比べると、200馬力、1・3トンしかないT34では物足りなかったようで、たまにT6が降りてくるとブリーフィングはそっちのけで「佐藤来い」と言って私を駐機場に連れ出しては、嬉しそうにT6の説明をするのでした。

T－6練習機

七月八日の初フライト・CP－1は50分間の「地形慣熟《かんじゅく》・体験飛行」でした。

教官の指導事項は「地形の慣熟、遠くの地形を見て自分の位置を判断せよ」というもので、離陸すると洋上に出て静岡市上空を旋回し、日本平を越えて清水市（当時）上空を旋回。再び日本平上空を経て安倍川上流で旋回、静岡市から焼津市に向かい藤枝、島田を経て大井川を左手に見ながら帰投しました。ブリーフィングが済むと中原教官は、

「いよいよ明日から自分で操縦して飛ぶことになるが、私の教

育方針は次の通りであるからよく覚えておけ。
①飛行は理論と体験の積み重ねであるから、体で体得させる。
②教育期間中は明朗《めいろう》でユーモラスにいきたいが、空中では「叱咤《しった》」するから覚悟しておけ。
③理屈っぽくなるな。
④自己弁護するな。
⑤健康には十分注意すること」
と言ったのです。飛行日誌のこの日の「所見」欄に私は次のように記しています。

「天候に左右され、1330(午後1時30分)、第1回目のFLTを行った。風強く相当にあおられたが、中原3尉の名操縦で高度5、000フィート(約1500m)に昇った。三保の上空で、ループ、バレルロール、気分快適。雲多く、小雨混じりで地形もそれほど良く見えず。しかし、第1回目、ついに乗った、という感じ。ただし、後半はヘッド・セットがきつく、気分が悪かった」

この頃の飛行教育では「ヘルメット」は使用されておらず、「65－C」と書かれたワッペンを張り付けた識別帽(野球帽)を、上空では鍔《つば》を後ろにして被《かぶ》り、その上からヘッド・セットを被っていただけでしたから、ヘッド・セットのバネが強く、調節が悪いと頭のてっぺんと側面を強く押さえ付けるので頭が痛くなるのです。

その上ルック・アラウンド（見張り）をしようとして首を左右に回すと、ヘッド・セットのケーブルが首筋に絡《から》まり、何とも具合の悪いところがありました。

(3) キャノピーから「手を出した」仲間の話

「ヘッド・セット」で、笑えぬ喜劇を思い出しました。それは2機編隊訓練で、私が2番機の位置に付いて帰投し、飛行場上空で「ビール・オフ（編隊解散）」しようとした時のことです。

通常1番機操縦者は、着陸前に操縦席でぐるぐると右または左手を回し、その後、指を4本または5本立てて2番機にビール・オフ間隔を示すのですが、私のペアのF3尉の手袋は汚れていた上に破れていたので、指が何本あるのか識別が困難でした。そこで私は訓練出発前に「もっとはっきり示してくれないと、4秒なのか5秒なのか分からない」と彼にクレームを付けたのです。

いよいよ飛行場に進入して彼がシグナルを出す時が来ました。2番機の私は必死で彼の右側に付き、その位置を保ちながら固唾《かたず》を飲んで彼の手の動きに注目していたところ、チラッと私の方を振り向いた彼は右手をぐるぐると頭上で回し始め、大きく手を広げて5本指を示したままでは良かったのですが、次の瞬間何を思ったか、そのまま開いている前席キャノピーの外側に手の平を突き出したのです。次の瞬間、風圧で彼の右手は思い切りキャノピー外側後方に吸い付けられたので、慌てた彼が右手を引っ込めようと首を右にかしげた瞬間、ヘッド・セットと帽子が機外に吹き飛んでしまったのです。

それでも彼は左手で操縦桿を握っていたからたまりません。まるで「ロデオ」のように1番機は踊りだしました。間髪《かんはつ》を入れず後席の教官が操縦桿をとり、やがて彼も「右手を格納」出来たから良かったのですが、〝解散〟出来なかった2機はそのまま飛行場上空を通り過ぎてしまったのです。

後席の教官が操縦して再度飛行場に進入し直したのですが、その間、前席に無帽のまましょんぼり俯《うつむ》いて座っている彼を見つめながら編隊飛行する私の心境は複雑でした。

着陸後我々のコースは飛行訓練中止となり、ただちにヘッド・セットを回収するため全員飛行場周辺の捜索を命ぜられたのですが、どこに落ちたのか見当も付きません。

私は捜索経路上の茶畑で迷ってしまい、農家のおばあさんにお茶の接待を受け、生まれて初めて本格的な「お茶の葉の煎《い》り方」を教えてもらい、お土産まで貰って帰隊したのですが、今でもこの時の香ばしい香りが忘れられません！

仲間の中には時間が来るまで養鰻所でウナギを眺めていたやつもいましたから、ヘッド・セットはもちろん見つかるはずがなく、F3尉が恭《うやうや》しく「忘失毀損届」を書いて決着が付いたのでした。

⑷単独飛行の感激！

飛行訓練は空中操作からいよいよソロ前の着陸操作訓練に入り、教官の指導も熱が入ってきましたが、CP－8とCP－11で私は「ピンク・カード（不合格）」を出されました。CP－8では何を血迷ったか、減速しないまま脚レバーを下げてしまい、CP－11ではゴーアラウンドでフラップを上げ忘れ、気が付いた時には教官が上げてくれていたのです。

その代わりイヤホーンが割れるくらいの「バカヤロー」という怒声が脳神経を刺激しました。この日の飛行日誌の「担任教官の注意」の欄には、中原教官手書きの真っ赤な「お墓」の絵が書き込まれており、今でも尚《なお》ゆらゆらと「線香の煙」が漂《ただよ》っています。

念願の「単独飛行」は、七月三十一日・金曜日、CP－14で達成しました。

この日九時三十分から教官同乗で3回の離着陸検定をやって合格と判定され、ランプに戻ると教官が「一人で行って来い」と言って後席から降り、代わりに赤い小さな吹き流しを整備員が取り付けます。先輩達から「一人でタクシー（地上滑走）する時の快感は何とも言えないぞ」と聞いていましたが、本当に何とも言えませんでした。そしてついに生まれて初めて単独飛行に舞い上がったのです。メンターは二人乗りですから、教官と同乗している時は、自分が操縦していても、万一の時には教官が救ってくれるという〝甘え心〟が常にどこかに潜《ひそ》んでい

駿河湾上空を単独飛行中の私

ます。しかし、単独飛行は明らかに自分だけの責任です。誰も助けてはくれません。

脚を上げ、フラップを上げて駿河湾に向けて針路を取った時には、自分自身でこの機体を動かしているのだ！　と確認し、上空で思わず「万歳」を叫んでしまいました。人生で最も感激した瞬間であり、45分間の一人旅の後、2回タッチ・アンド・ゴーをして着陸しましたが、これで大いに自信が付きました。

着陸後、担当教官の中原3尉は「勝って兜《かぶと》の緒《お》を締めよ」と言ったのですが、私が空中にいる間中、MOB（移動管制装置）で「ソワソワ」していたと同期から知らされ感動したことを覚えています

この日の私の飛行日誌の所見欄にはこう書き込んでいます。

「①ついにソロに出た。随分苦労したが最近のファイトと自信がすべてを解決してくれている。ファイト！

②この感激を忘れてはならない。さらに大切なのは固まりかけた技術を良く固めるために、反省とプロシージャーの再確認、マニュアルの再読を怠らぬこと。

③細かいことをうるさく言われたこと、これは大切なことだ。諸元を正しく守る癖が付く。もっと厳しく追究しよう。」

そして、その感激を生意気にも「目に染みる、真夏の光身に浴びて、駿河の空を一人飛び行く」と和歌？　に詠《よ》んでいます。

(5) エンジンが回転していないのに……！

訓練が最盛期に入ると、一人の教官が二人の学生を受け持つことがありました。ある時私が降りてきて、M3尉と交替した時のことです。

「M3尉同乗、課目CP－◯◯！」と元気に申告して操縦席に乗り込んだ彼は、野球帽を後ろ前に被り直し、ヘッド・セットを付けて内部点検に入ります。ここまでは普段通りでしたが、発唱点検する彼の声がいつになく次第に高くなり始めました。

後席の教官、大谷2尉はいつものようにだらりと両腕を機外に垂らして、目だけは鋭くM3尉の点検箇所を追っています。

やがて彼は「バッテリー・チェック、OK」、「フラップ・チェック」と叫ぶや、フラップの作動点検を開始したのです。この辺からいささか手順が混乱し始めました。そしていきなり「静浜タワー、372（号機）、リクエスト・タクシー」と送信したのです。

私と一緒に翼端で消火器を持って待機していた整備員が私の顔をちらりと見ました。私は悪い予感がしました。やがて彼は「ラジャー、372」と元気に復唱すると、整備員に向かって「チョーク・アウト（車止め外せ）」のハンド・シグナルを出したのです。

エンジンを回していないのですから彼の目の前の「プロペラ」も停止しています。困惑した整備員が「佐藤3尉、どうしましょう？」と言いましたから私は彼に「プロペラが回っていない」ことを教えようと、教官に分からないよう小さく手信号で教えようとしました。するとこれを見た彼はチョーク・アウトのシグナルが「小さい」からだと誤解したらしく、操縦席から乗り出さんばかりにして両腕を左右に振り下ろしたのです。

整備員はどうしていいか分からず、私に「縋《すが》るような目」をしています。私の手信号にやっと気が付いた彼は、「コレクション（訂正）！　クリアー」と割れんばかりに叫ぶや右腕を回して合図し、ようやくエンジンを掛けたのです。

卒業パーティで大谷2尉が「あの時は驚いたよ。エンジンが回っていないのにMがタクシーを要求し、しかも管制塔からは許可が来たんだモンナ」と言うと、彼は「まあまあそう言わずに」と口封じの酒を注《つ》ごうとしましたが、大谷2尉は構わずこう言ったのです。

「タクシー・クリアランスが来た以上、俺は降りてメンターを押さなきゃいかんのかナ、と思ったよ」

(6)トリムを〝とった〟話

静浜基地で訓練を受けている我々だけが「チョンボ」をしていたわけではありません。防府基地の同期も結構楽しんでいたようです。とりわけ面白かったのがY3尉の「トリム」事件でした。

「トリム」とは読んで字の如《ごと》く「釣り合い」をとることで、飛行中に操縦桿に加わる力を軽減するために「トリム」という装置が付いています。ジェット戦闘機では、操縦桿のグリップの上端に付いている小さな丸いスイッチがそれで、飛行中これを親指で前後左右に細かく操作して機体のバランスを保つのですが、T34メンターのトリムは、左コンソール上にエルロン用とラダー用のトリム、コンソールの側面にエレベーター用の、通称「ワッパ」と称する歯車状のトリムが付いていて、飛行状況に応じてこれを左手でこまめに操作しなければなりません。

T34メンターのコックピット（左コンソールに「トリム（矢印）」がある）

Y3尉の教官は、特にトリム操作に厳しかったらしく、上空で「トリムをとれ！　トリムをとれ」と後席から膝当版で頭を小突《こづ》いたそうです。たまりかねた彼はバックミラーを教官に合わせ、後ろから膝当板が突き出されるたびにヒラリッ！と頭を動かして「被害局限」を計っていましたが、これに怒った教官は、身を乗り出して前席の彼のショルダー・ハーネスを左手で鷲掴《わしづか》みにして引き寄せると、右手に持った膝当板で思い切り頭を殴りつけながら「もっとトリムをとれ！　トリムをとらんか！」と怒鳴ったそうです。

体を後ろに弓なりにされて行動の自由を失った彼は、教官ともみ合いながら左手で必死にトリムをとろうとした瞬間、どうしたことか「ワッパ」が取れてしまったのです。その取れた「トリム」を後席の教官に見せながら「教官、トリムをとりました！」と叫ぶと、「取れたトリム」を見た教官はさすがに驚いてショルダー・ハーネスを緩《ゆる》めてくれたそうですが、後で「Yの奴、『本当にトリムを取る』とは思わなかった」と同僚に語っていたそうです。

(7) 静浜基地を卒業

十月三十一日、全員無事に卒業を迎えましたが、受け入れ先の都合により、二名が残留し65－Dに編入されることになりました。

こうして再び元来た「農道」をトラックに揺られて藤枝駅に着いた我々は、営業を開始したばかりでトラブル続きの「新幹線・こだま号」に乗るため静岡駅まで後戻りしました。

「新製品」に故障は付き物ですが、当時の新幹線ではトイレのドアが開かなくなって客が閉じ込められるという「事故」が相次いでいた頃でしたから、我々「お上りさん」は車内の洗面所や便所を隈《くま》なく「研修」して歩いたものです。

しかし国鉄の「雪隠詰《せっちんづめ》」対策は、便所の中にブザー用の「ボタン」を取り付けて、「ドアが開かなくなった時には、このボタンを押して下さい」と表示しただけでしたから実に面白く思いました。新大阪で在来線の急行列車に乗り換えましたが、その「近代化の落差」に驚きつつも、何かほっとしたような気分で、のんびりと山陽路を九州に向かったものです。古き良き時代の話です。

2、第2初級（ジェット）操縦課程（T1A：芦屋基地）

⑴憧れのジェット機

この頃のパイロット養成は、T34⇒T6⇒T33型練習機と段階的に行われていましたが、操縦が難しいことで定評があったT6型練習機ではジェット機時代の教育に不向きだとされ、代わって登場したのが国産のT1型中間ジェット練習機でした。

従って芦屋基地に配備されたT1による第2初級（ジェット）操縦課程は、防大でいえば5期生の一部から正式教育が開始されたばかりのピカピカの新コースでした。

初の国産機Ｔ１Ａと
コックピット

芦屋基地で、高校生時代から憧れた国産ジェット機に乗れることになった私はいやが上にもファイトが湧きました。ところが補給隊で「野球帽」に代わり「ヘルメット」が支給されることになったのは良かったのですが、私に合う国産のヘルメットがありませんでした。補給隊の先輩が「こればかりは『頭を合わせろ』とは言えないもんなあ」と困り果てていましたが、「そうだ！　アメリカ製の〝廃品〟があったろう。あれを持って来い」と部下に白いヘルメットを持って来させ、手でぽかぽか叩きながら「割れることはない。まだ十分使えるから被ってみろ！」と手渡すのです。

いささか「弾力性」に富んでいるきらいはありましたが、私にぴったりだったので先輩は喜び、「ベイルアウトして岩にでも打ち付けない限り大丈夫だ」とわけの分からないことを言いましたから、何のためのヘルメットなのだ！　と思ったものです。内側は汚れていて決して気持ち良いものではありませんでしたが、どうしたわけか外側はワックスが掛かっていて「ピカピカ」でした。

さすがに「ジェット機」に搭乗する最初の部隊だけあって、着隊時の航空身体検査も眼、鼻、耳、虫歯、血圧と大変厳しかったのですが、衛生隊長の「豪快さ」も一流で、「ヨーシ、合格！」と肩を叩きながら大声で合格と宣告されました。

チャンバー訓練や、火薬を使った訓練装置で、地上約5m程座席ごと「射出」される緊急脱出訓練等、今までにない独特の地上教育も終了して、十二月四日に憧れのT－1によるタクシー（地上滑走）から訓練が始まりました。

私の教官は熊本出身のベテラン教官・航学6期生の本田堅重3尉でした。

教育方針は、
①120％覚える努力をせよ。
②習う気持ちではなく、教える気持ち（余裕）を持て。
③同じ失敗を2～3度と繰り返さぬこと。
④思い切って課目を実施し、色々な体験を積め。
⑤自分で研究・開発していく心構えを持て。
⑥体のコンディションを良好に維持せよ。風邪くらいと思わず早期に受診し速《すみ》やかに治療せ

よ。

というものでした。

早朝七時半から開始された地上滑走訓練は、意外に難しいものでした。T1は、地上滑走する時の方向変換に、左右のブレーキを使用するからで、右に方向変換する場合には右のペダルを踏み、機首が右に偏向し始めるや今度はそろそろと左のペダルを踏んで機首を直進させる。左はこの逆なのですが、踏み込むブレーキ圧が分からないので強く踏み込むと機体は停止するし、ペダルを踏み込もうと思わず足に力が入って方向舵《だ》を動かしてしまうのです。

高校生時代から憧れていた「国産ジェット機T1」による初飛行は、奇しくも大東亜戦争の開戦記念日である十二月八日で、冬の日本海気候の影響をもろに受ける芦屋《あしや》基地のこの日の午後の天候はシーリング（雲高《うんこう》）4000フィート、視程10㎞、風はやや強かったもののまずまずの飛行日和《ひこうびより》でした。

実施科目は①地形慣熟②地上操作（理解）③空中操作（体験）で教官のデモが主体なのですから緊張することもないのですが、生まれて初めてのジェット機ですからどうしても緊張します。

午後一時、地上滑走を開始しましたが相変わらずブレーキ操作に慣れず、よたよたと進み、離陸許可を得て滑走路に進入した時には両足がわなわな震える始末です。

教官と一緒にエンジン100％チェックのためスロットルを全開すると、ブレーキ保持が甘く機体が滑り出そうとします。ジェット機T－1は、明らかにレシプロ機T－34とは感覚が違っていました。

本田教官が後席から「OK，レッツゴー！」と言ってブレーキを放すと、ガクンというショックに続いて離陸滑走を始めました。一瞬、防大時代に築城基地で体験したT－33の離陸時の感触を思い出しましたが、加速感は著《いちじる》しく違っていて、「背中」を強い力で押されてどんどん空中に押し上げられているようで、あれよあれよという間に雲上に出てしまったのです。

こうして無我夢中のうちに1回目の飛行訓練は終了しましたが、離着陸時の場周経路《じょうしゅうけいろ》を飛行する時間がやけに短く感じられ、脚下げやフラップ下げ等の手順を迅速《じんそく》確実に実施出来るように身に付けておかなければ対処出来ないのではないか？　と心配になったものです。

(2) トラブル続きの国産新機種

昭和三十九年の飛行訓練は、天候や、ランナウェイトリム（操作しないのにトリムが作動する）に代表される航空機故障に悩まされて、わずかに5回実施しただけで年末休暇に入ったのですが、この間のノー・フライトは、せっかく覚えた飛行感覚を白紙に戻す効果？　があったように思います。

Ｔ１Ａでソロに出た私

明けて昭和四十年に入ってからも天候不順が続いたので、飛行隊には訓練の遅延《ちえん》に対する焦《あせ》りが出てきていました。そんな中の一月十六日土曜日の午後に、私は飛行訓練・ＣＰ－７を実施することになったのですが、案の定、上空で失速からの回復操作で、高度がまだ低下しているにもかかわらず脚上げ操作をしてしまい「進歩なし、または危険操作」を意味するピンクカードをもらってしまいました。

これなどは典型的な機械的操作、即ち「マンネリ」の例で、ただ漠然と飛行機に乗せられていたという証拠です。操縦教育、しかも新機種に移って間もない頃の学生教育では、技量・感覚共に未《いま》だ固まっていないのですから、弛《ゆる》みない操縦感覚を学生に維持させる、つまり極力訓練を中断しないことが重要だと痛感しました。

今ではシミュレーターが発達していますから、地上でも相当の効果が期待出来ますが、それでも「命をかけた実機による訓練」とでは真剣味が全く異なります。

飛行教育は、訓練中断期間を極力少なくすること、やむを得ず長期にわたり中断した場合には、十分な「技量回復」手段を講じられるだけの余裕ある計画を立てることが何よりも大切なのです。

こうして私が二日に1回の割の飛行訓練でCP－13までこぎつけた頃、とうとう大事故が発生してしまいました。それは忘れもしない昭和四十年二月十日午前十時頃のことでした。突然不気味なサイレンが基地中に鳴り響いたので、ただちにフライトルームに集合すると、我々の一つ前のコースである65－Bで計器飛行訓練中であった1機が、進入降下旋回中に玄海灘で消息を絶ったのです。搭乗員は前席が教官・井原勇朗1曹、後席が学生の柴田繁樹3曹で、原因はランナウェイトリムらしいというのです。万一旋回方向にトリムが誤作動すれば、操縦桿を学生一人で支えることは困難でしょう。

ところがなんと、墜落した830号機は私が十二月八日に初飛行し、一月二十八日にCP－12で飛んだ機体だったのです。

航空自衛隊のパイロットを志した以上事故に遭遇することは常に覚悟して意識してきたつもりでしたが、現実に起きてみると実に複雑な心境でした。

(3) 五体満足な青年が〝消えた〟

「彼等はどこかよその基地に降りているのでは……」とか、「そのうちに戻って来るさ」等と、不思議にもさっぱり現実感が湧きませんでした。

それもそのはず、その日の朝に学生舎前に集合して整列し、丘の上の飛行隊まで整列して出勤した五体満足・健康な仲間の一人が、忽然《こつぜん》と消えてしまったのですから、気持ちの切り替えが出来なくても仕方がなかったといえます。

しかし、やはり彼は「消滅」してしまったのだ、という厳粛な事実を突き付けられたのは、翌二月十一日に、彼の部屋に行った時のことです。

昔の米軍宿舎であった古い木造学生舎の一角にある65－Bの大部屋は、いつもは操縦教範や航空地図などで雑然としているのですが、この日は、いつもと全く違ってきちんと整理され、特に柴田学生のわずかな私物と官品が、机とロッカーのそばに別々に纏《まと》め上げられていたのです。同期生達がきちんと彼の身辺整理を済ませており、普段は全く色気のない男所帯の部屋なのに、彼の机の上には二輪のカーネーションの花、お茶、チョコレート、蜜柑《みかん》がそっと供《そな》えてあったのですが、その違和感が私の胸を強く締め付けました。

彼が「消滅した」というこの動かしがたい事実は、私にとって初めての体験であり、覚悟はしていたというものの、そのショックは非常に大きなものでしたから、この日の将校日記には「……その様《さま》『いかにも主のなき机』の感深く、現実感を呼び起こすものなり」と記《しる》し、『主の無き、机の上に寂しげに、誰が生けたか、赤き花見ゆ』と詠んでいます。

この日を境に私は「人生とは何か」について深く考えるようになったと思います。それまで武者小路実篤などの「人生論集」を好んで読んでいた私は、何となく、人生とは「空の彼方《かなた》」や「人生論集」の中にあるような、幸福とは「青い鳥を求めること」であるかのような、漠然とした感覚しか持っていませんでした。

しかし、私と同じく大空の戦力たらんとの希望を抱いてこの道に入った一人の青年が、突然その「短い人生」の幕を閉じたのですから、人生とは、決して物書きや知識人達が言うような抽象的なものではなく、実は「身近にある具体的な存在」ではないか、と考え直したのです。

人生とは「今生きているこの瞬間」のことなのであって、老人達にはそれが連綿《れんめん》と続いてきただけにすぎないのではないか？　彼等が言う「人生」とは、彼等が生きてきた一日一日の積み上げをまことしやかに「人生論」として飾り付け纏め上げたものに過ぎないのではないか？

二十数年しかこの世で生活をしなかった一人の青年の人生に思いをいたす時、どんな名文の「人生論集」からも受けたことのない衝撃で、まさに目から鱗《うろこ》が落ちる気持ちでした。

「人間は、呼吸している今の一瞬一瞬を大事にかつ真剣に生きなければならないのだ」

その夜、私は筆で「その日その日が人生である」と大書して自習室の机の前の壁に張り、自分の「処世訓」にすることにしたのです。

二月十三日、殉職《じゅんしょく》二隊員の葬儀が格納庫でしめやかに執《と》り行われました。航空自衛官、なかんずくパイロットとなってその後何度か体験することになった、宿命ともいうべき部隊葬のこれが最初のものでした。

(4) 避けられない新造機の事故

この航空大事故は悲しい出来事でしたが、新造機開発直後の運用時に生じた避け難い犠牲ではなかったろうかと思います。

この機体の原型であるT1F1型第1号機の初飛行は、昭和三十三年一月十九日で、整備員教育が開始されたのが昭和三十四年七月、操縦教官の転換教育は同年九月から開始されています。操縦教育は三十五年八月一日に岐阜移動訓練隊で開始され、芦屋基地に移動したのが三十七年、改編完結後の昭和三十七年十月二十四日から飛行訓練が開始されます。そしてT6型機のフェードアウトに伴い第2初級（ジェット）操縦教育体系が確立したのが昭和三十九年度の65－Aからでした。

しかも、T1は大東亜戦争後の長いブランクを抱えた日本航空産業界が、初めて開発に取り組んだジェット機でしたから、その貴重な「作品」を一歩一歩体を張って完成させていかねばならない使命が航空自衛隊にもあったのです。

例えば我々65－Cから、今まで常識として行われていなかったジェット機による「スピン

（錐もみ旋転）科目」を試行的に実施することとされました。

最初に教官がデモしましたが、T34の「柔らかな」スピンとは打って変わって、その凄《すさ》まじい振動と豪快な旋回は大変な迫力でした。特に眼前で点灯しっ放しの失速警報灯を見つめるだけの私には恐怖さえ感じられたものです。

しかし、そのうちに教官と一緒になって、「いっかーい（1回）、にかーい（2回）……」と旋転数を数えながら実施出来るようになるのですから訓練とは大したものです。

こうした研究を重ねた結果、66－Cからスピンは正式科目に決定されたのです。そういう環境下にありましたから、昭和四十一年に発生したT1B型機（エンジンも国産）のエンジン停止による航空大事故も、共にT1「玉成《ぎょくせい》」のための尊い犠牲であったと私は思っています。

さて、悲しみを乗り越えて、二月二十四日から訓練が再開されましたが、またしても十一日間のブランクが生じていましたから、この日の訓練は各人約40分ずつの技量回復訓練でした。空中操作の〝勘〟はさほど狂っているとは思いませんでしたが、やはり着陸時の引き起こし感覚が「消滅」しかかっていて不安定でした。

この日までのT1による総飛行時間はわずかに13時間20分、着陸回数は36回に過ぎなかったのですから無理からぬことではありましたが、思ったほど大きく崩れなかったのは、飛行停止期間に地上で「イメージトレーニング」を続けていたからだと思います。体操選手等が、常にイメージトレーニングをして、感覚を忘れないようにしているのと同じです。このように、色々と紆余曲折《うよきょくせつ》はありましたが、三月一日にソロに出ることが出来ました。待望のソロでしたが、T34でソロに出た時ほどの感激がなかったのは、空を飛ぶことに慣れてきていたからかもしれません。もちろん、T1ソロで大いに自信が付いたのは事実でした。

「本日待望の単独飛行を終了せり。快適なる飛行なれども、次の諸点に注意すべきなり。

1、各点検は確実に実施すべきなり。

2、規則等の再確認は、搭乗前に実施すべし。

3、自分の位置を常に把握しつつ飛行すべし。

4、心身状態は常に快適なるべく調整すべし。特に頭の中の整理、頭痛等の除去。

自信を持つ事は大切なれども、『狎《な》れ』に走らぬ様、今一度心に『締まり』を持つべきなり」

と将校日記に記していますから、成長ぶりがうかがえます。事実、ソロの場合には、仮に点検ミスで緊急事態に陥《おち》っても、教官も隊長も、誰も手助けはしてくれないのです。自分で解決しなければ、生きて地上に戻れなくなる可能性があるのです。

ところが三月十一日に再びトリム故障が発生し、その原因調査のため三週間飛行停止になってしまいました。このような悪条件が重なったため、私達のコース以降の3コースは、約一か月間教育期間が延長されました。

四月二日、二十五日ぶりに飛行が再開されましたが、この時はさすがに飛行感覚を取り戻すのは容易ではありませんでした。一か月間も飛行訓練が出来ないと、地上での「イメージトレーニング」にも限界があったのです。遅れを取り戻すため、土曜日を加えた一日2回の訓練が続き、ようやく飛行感覚が戻ってきた頃、編隊飛行訓練が開始されました。

2番機の位置に付いて旋回していると、1番機の主翼の付根付近と、胴体の日の丸付近の外板が「ぺこぺこ」と波打っていることに気が付きました。国産だから「外板が薄い」のではなく、改めて「風圧の凄《すご》さ」を再認識したものです。

(5)「背水」の陣

編隊飛行訓練では戦闘行動を想定した機動隊形(スプレッド)の訓練に入りましたが、3次元の世界ですからなかなか難しいものでした。

2番機は、1番機から20~40度のラインに沿って約400~500フィート離れ、その高度差が50~100フィート下方の位置に付くのですが、直線飛行中は位置を保てるにしても、1番機が旋回を始めるとなかなか位置が保てなくなるのです。特に内側旋回で近寄ってこられると1番機よりも前方に出ますから、1番機が接近するにつれてその高度差を保ったままそのほぼ真下をクロスして旋回の外側に出なければならないのに、思わずパワーを絞って速度を減少させてしまうので、クロスすることが出来ずに内側下方にぶら下がってしまいやすいのです。

これは空中集合訓練（リジョイン）でもみられる現象でしたが、いったんぶら下がってしまうと次の瞬間、急激に1番機に接近して接触する危険状態になりやすいのです。

この原因は30度バンクをとっている1番機の主翼表面に惑わされて、まるで1番機に上方から「被《かぶ》さって行く」かのような錯覚《さっかく》に陥り恐怖を覚えるので、ついつい1番機の主翼面と水平な位置を保とうとしてぶら下がってしまうのです。

3次元の世界ならではの現象でしたが、この機動隊形の方向変換中は、2番機はあくまでも1番機と50～100フィートの高度差を保ったまま、その下方または後方の水平軌道上を「スムーズ」に移動して位置を保たなければなりません。

編隊飛行訓練の12回目、M3尉がソロで、私の後席には彼の受け持ち教官である丸井義輔2尉が同乗することになった時のことです。

「お前は、どうもリジョイン（再集合）とスプレッドでぶら下がる癖があるんだよナ。それさえなけりゃ満点ヨ。だから今日はこの癖を直してやるから覚悟しておけよ……」

そうブリーフィングで言っていた丸井2尉の教育が日本海上空で始まりました。

「アイハブ！」

そう言うと丸井教官が操縦桿を私から取って空中集合と機動隊形の訓練を連続して開始しました。内側旋回で接近して来る２番機・Ｍ３尉には、主翼に騙《だま》されてぶら下がる傾向が確かにありました。それを確認するや丸井教官は５０００、４０００、３０００フィート（約１０００ｍ）とどんどん訓練高度を下げ始め、「オーイＭ３尉、高度計を見てみろ！　今いくらだ？」と呼び掛けたのです。

編隊飛行中のＴ１

「……３０００です……」と緊張した声が返ってくると、

「そうだナ、今高度３０００だぞ」

まだ若干ぶら下がり気味のところがあると判断した教官は、ついに１０００フィート（約３００ｍ）まで高度を下げ、「オーイＭ３尉下を見てみろ、それより下がると海に突っ込むぞー」と言うのです。そうするとＭ３尉の機動は実に見事なものになりました。正真正銘の「背水の陣」だったからでしょう。

しばらく１０００フィートの高度で訓練した後、丸井教官はさらに700フィート（約200m）に下げます。インターホーンから「オー、だいぶ良くなったな」と呟《つぶや》く声が聞こえましたが、前席で緊張している私に構わず、「オーイ、M3尉その感じを忘れるナヨー」と丸井教官は愛弟子・M3尉に呼び掛けます。M3尉は「はいっ」と答えながら海面すれすれを見事に機動しています。やがて高度を取ると「OK、もう良いだろう。ユーハブ」。そう言って丸井教官は私に操縦桿を渡し、「帰ろうヤ」と言ったのです。

着陸後のブリーフィングで丸井教官は、

「人間、切羽詰《せっぱつ》まらないと何もやらないものヨ。今日のM3尉は真剣だったヨナ。そうだろう？　何しろ下がないんだからナ。まだ大丈夫だと思っている奴に進歩はナカトヨ。海に突っ込むと思うとやらンわけにはいかんだろうガ。M、今日はベリーグッド。いつも今日のような真剣な気持ちでやれ！　それから二人とも、リーダー（1番機）は常にウィングマン（2番機）のことを考えて機動してやることが大事だということを忘れるなヨ」

と何事もなかったかのように言いました。

当時の教官方の中には丸井2尉のような豪快な「侍」が多かったように思います。彼等の教育法は、自分の体験を踏まえた上で、学生個人の能力を確実に把握《はあく》し、その学生に適した思い切った方法を採《と》ったものでした。

石炭の産地で有名な北九州出身の丸井教官は、その後戦闘航空団に復帰しましたが、F86F

をまるで自転車の様に乗りこなした豪傑の一人でした。

(6)「戦闘爆撃機」を希望

六月に入ると、私の飛行時間はようやく68時間を超えましたが、芦屋基地に着隊して以来すでに八か月の月日が経っていました。十六日には、希望機種について隊長との面談が行われました。芦屋を卒業すると、いよいよ「戦闘機コース」か、「輸送機コース」、または「救難機コース」に分かれることになるのです。

私は隊長に「戦闘爆撃機」に進みたいという希望を述べ、日誌には「人間万事塞翁《ばんじさいおう》が馬」と書いていますが、航空自衛隊の戦力の一員であることを意識し始めた頃でした。

梅雨《つゆ》に入って悪天候が続き、ようやく七月六日に私は全ての飛行を終了しましたが、八日に最後の仕上げに入っていた我々のコースのC班にヒットバリヤー事故が発生しました。

速度過大で滑走路上に停止出来ず機体が飛び出すのを防ぐため、滑走路端にはネット(バリヤー)が設置されています。普段は離陸機を妨害しないように、高さが制限されて半分上げ状態になっていますから、止まれない! と判断した時にパイロットが「バリヤーアップ!」と管制塔に要求し、管制官がただちに上げ状態にするのです。

この日の午後二時半頃、天候が急変したため訓練中の6機のうち5機は代替基地・築城に向かいましたが、燃料が不足していた1機が晴れ間をみて「強行」着陸をしたのです。

直前にかなりの雨が降ったので滑走路上には水溜まりが出来ていましたから、海側から着陸した機体は、前車輪付近からまるで駆逐艦が波をかき分けて進んでいるように勢いよく突進してきて、我々の目前を通過して滑走路端のバリヤーに引っかかり、さらにオーバーランを越えて崖の手前ぎりぎりで停止したのです。まさに間一髪《かんいっぱつ》でした。

前席のN3尉は「崖から落ちる。もう駄目か！」と思ったといいますから実に際どいところで、高速のジェット機では一瞬の油断も出来ないということを学びました。

七月十六日に仲間全員が揃《そろ》って全科目を終了し、八か月以上も滞在した芦屋基地に別れを告げることになりましたが、この時すでに航空性中耳炎が原因で、若戸大橋を〝くぐった〟比企3尉とS、K3尉、T3尉の四人が課程免（首）になりました。

身体的不具合で免になるのは仕方ありませんが、技量については一般的にあまり「真面目」すぎても、また逆に「不真面目？」過ぎても駄目だということでしょう。とにかく瞬時の判断が要求されるジェットパイロットへの道は実に険しいということだけはよく分かりました。

芦屋基地では、同期生の五名がレシプロ（輸送機）・ヘリ課程へ別れたので、浜松に向かうのは同期の3尉が七名と、怪我のためコースダウンして我々のコースに加わった航学18期のK候補生の計八名でした。

3、基本操縦課程（T33A：浜松基地）

(1)旧式で〝頑丈な〟機体

七月二十日、浜松基地に着隊し申告を済ませると、衛生隊と食堂に隣接した木造2階建ての「学生舎」に落ち着きました。身辺整理もそこそこに浜松での第1夜の夢を貪《むさぼ》っていた二十一日早朝四時三十分、突然〝非常呼集訓練〟が発令され、訓練が終了するや入校式が行われるという手荒な歓迎を受け、さすがは準戦闘航空団だ！と身が引き締まりました。

T33とコックピット

ここで当時の第33教育飛行隊の概要を説明しておきましょう。

T33を用いた基本操縦課程はそれまで築城基地の第16飛行教育団で行われていたのですが、昭和三十九年十月に同基地に誕生した第33教育飛行隊は、翌昭和四十年一月に浜松基地に移動し、この地でT33による基本教育を実施することになりました。

もともと浜松基地にあった第1航空団は、86Fを用いて戦闘機操縦者を養成するのが任務の部隊でしたが、この時からT33を用いた基本操縦課程の「第33教育飛行隊」と、86Fを用いた戦闘機操縦課程の「第1飛行隊」が同居する飛行教育部隊に改編されたのです。

この基本操縦課程を卒業出来ると念願の「ウィングマーク（航空徽章《きしょう》）」が授与され、それを制服の左胸に付けて初めて「パイロットの仲間入り」が出来、隣の第1飛行隊の戦闘機操縦課程に戦闘機乗りとしての基本を学ぶため入ることになるのです。従って、浜松での生活期間は約一年四か月の予定でした。

入校式終了後、地上教育班長の小倉1尉は、「諸君は幹部なのだからいちいち指図《さしず》はしない。自分に合った勉強を工夫するようにせよ。ただし、やる気と時機を失してはならない。苦労することを覚悟して最善を尽くせ」と導入教育で言いました。

学科教育を受ける教室のほとんどが米軍譲りの古いバラック（蒲鉾《かまぼこ》兵舎）で、エアコンなどありませんから真夏の強烈な熱気の中で滴《したた》る汗をタオルで拭《ぬぐ》いながら受ける授業は、現在の教育環境から考えると「月とスッポン」ほどの差がありましたが、そんな悪条件に耐えられたのは、戦闘機乗りになりたい一心だったからです。

休憩時間になるとサウナ状態のバラックから芝生に出て、木陰《こかげ》で心地好い風を受けながら教官の体験談に聞き入り、その左胸に輝いている「ウィングマーク」を自分の左胸に付けることだけを夢見ていたものです。

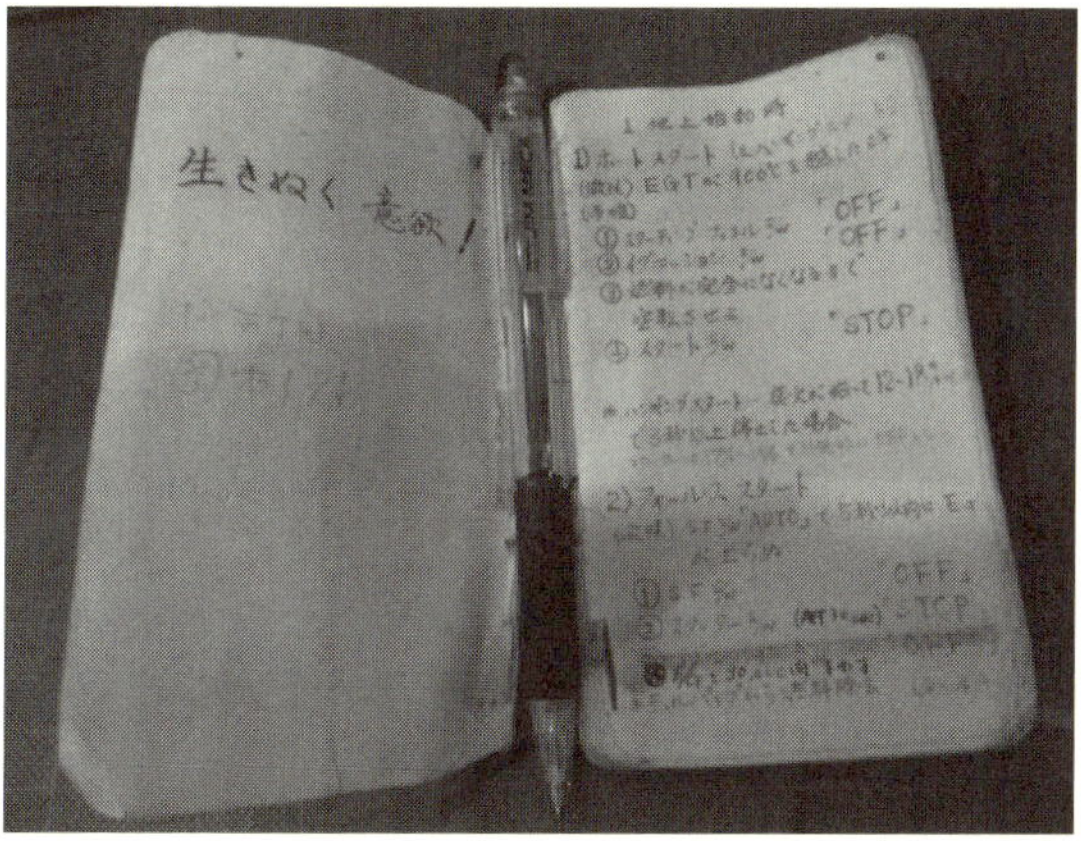

手製のチェックリスト

手渡されたT33用の「チェックリスト」は全編アルファベットの羅列《られつ》で私には馴染《なじ》めませんでしたから、「自分に合った」チェックリストを作ることにしました。そこで表紙が布張りのポケットサイズの手帳を購入し、それに「緊急手順」から「飛行手順」「訓練規則」及び「制限事項」等を一纏《ひとまと》めにした「私的なT33用チェックリスト」を書き上げたのです。この「虎の巻」はその後も大いに活用しましたが、この手帳に書き込まれた自分の汚い字を見るとすぐに昔を思い出して、安心して操縦桿を握ることが出来たから不思議なものです。

　こうしてこの〝虎の巻〟は、航空教育集団司令部の幕僚《ばくりょう》長になり、T4に機種転換してT33との縁が切れるまでの二十七年間、大変重宝《ちょうほう》したものです。今でもその見開き1頁めに「浜松市高丘町・第1航空団・第33飛行隊・少尉・佐藤守」と書き込んである現物を大事に保管していますが、ボロボロになった表紙をマスキンテープで補修したその裏表紙に「生きぬく意欲！」と記入しているのは、芦屋基地での事故体験の影響です。

T33は朝鮮戦争で大活躍したF80シューティングスター機の改造型で、頑丈《がんじょう》な事はこの上ありませんでしたが、各所に「レシプロ機」から「ジェット機」に移行する時代の特徴的な装置が残っていました。

外部点検に「Yaw String...Free」「Nose Wheel Well Section, Stick well drain」「Right Speed Brake Area, Pressurization air shut-off lever...」という項目があったのですが今の飛行学生達には何のことだか分からないでしょう。

狭いコックピットの中にもその名残《なごり》ともいうべき武装関係スイッチ類が残されていましたが、何よりも奇妙だったのは「脚操作レバー」でした。T34もT1も、前方計器盤の左隅に車輪の形をしたハンドルが付いていたのですがT33にはそれがないのです。

レバーは前後席の座席の左下に、ちょうど車のサイドブレーキによく似た「レバー」状態で付いていて、先端の「ノブ」を左手親指で押し込み、ラッチを外してから操作するようになっていました。しかも、脚下げ時にはレバーを軽く上下に揺すって「Jiggle」とコールし、確実に脚が固定されたことを確かめるという実に原始的なものでした。

(2) 外部点検で不具合を発見！

胴体や主翼の燃料タンク、チップ（翼端）タンクも全てパイロット自身で点検して「中身」を確認するように定められていましたから、右主脚部分の点検を終えると、右主翼付け根付近から主翼に飛び上がって燃料補給口を一つ一つ開閉しては燃料を点検していきます。真夏には主翼の点検口の蓋《ふた》を緩めただけで膨張した燃料が吹き出し、手袋が航空燃料でグショグショになることもありました。

胴体タンクの燃料補給口はキャノピーのすぐ後ろにあり、まずファスナーを緩めて外板を開け、中の鎖が付いたキャップを取って点検します。そのすぐ後ろにはPrenum Chamberの点検口であるエンジン・アクセス・ドアが付いていて、その「外板」の一部であるアクセス・ドアを押し下げてチャンバー内を点検するのですが、そこには凍結防止用のアルコール用タンクがあり、エンジンオイルフィラーキャップがあって、これも点検することになっていました。車でいえば、ボンネットを開けてエンジンルームを点検するようなものです。

このアクセス・ドアは左右に一枚ずつ付いていましたが、ある時、Left Plenum Chamber内の胴体内側に付いているスロットル・リンケージ・ナットに緩みがないかを毎回指で「触って」確かめるように指示が出されました。

どこかの部隊でこのネジが飛行中に脱落し、リンケージが外れたためスロットル操作が出来なくなったという危険報告が出されたのです。スロットル・リンケージが故障すると、「使用しているパワーが70％以上の場合は約70％に、70％以下の場合にはIdleにセットされる」とされ、「パワーが必要な時にはStarting Fuel SwitchをManualにすれば、2万5000フィート以下では約70％のパワーが得られる」と緊急手順に記載されていましたから、米軍でも時々発生していたのでしょう。

幸いこの時は大事に至らなかったから良かったものの、高速自動車道でアクセルが利かなくなるのとはわけが違います。ところが私は、後に飛行前点検でこの不具合を発見したため危うく難を逃れる体験をしたのです。

話は前後しますが、それは2機編隊の2番機として飛ぶ予定だった九月三日のことでした。飛行前点検で「指示」通りにプレナム・チャンバー内に手を突っ込んで、リンケージ・ナットの緩みを点検していたら、ナットがくるくる回ってボルトから抜けたのです。仮にナットが緩んでもボルトから脱落しないように「止め具」が付いていたのですが、回転するはずのないその止め具自体が簡単に抜けてしまうのです。

私はすかさず同乗教官に「教官、リンケージ・ナットが外れました」と翼の上から報告しました。「ナニッ、そんなはずはないよ。どれどれ……」と言いながら、教官が「よっこらしょ！」と主翼の上に飛び上がってきたのですが、私の手のひらにあるナットを見て「こりゃなんじゃ！」とスットンキョウな声を出して整備員を呼びました。

普段はおとなしく実に穏《おだ》やかな雨森教官から呼び付けられた整備員も驚いていましたが、こんなこともあるから点検はおろそかには出来ないのです。教官から、「佐藤3尉が念入りに点検しなかったら、空中で大変なことになっていたなー。いや、フォーメーションテイクオフの時点で外れていたかもしれん……。何せフォーメーションの2番機だからスロットル操作はいやでも荒くなるから……。助かったよ。外部点検『エクサレント』だ！」と、乗り込む前に褒《ほ》められ、この日はやることなすこと全てうまくいき「優」をもらったのですから、私にとっては実にありがたい〝故障〟でした……。

もちろん、ただちに危険報告が発出され、以後このナットは絶対に外れないようにしっかりと「ワイヤー」が掛けられたのですが、なぜ初めからそうしていなかったのか？　と今でも疑問です。

私が「外れないようになっている」とか「そのはずだ」などという〝マニュアル信奉者〟の話を信用しなくなったのはこんな経験があるからです。パイロットには命がかかっています。自分の命を他人に預けることは出来ません。実際、この時も「ナットらん！」では済まない話でした。

(3)もうすぐ〝つく〟ぞ！

飛行教育が始まりましたが、TAXIの難しさはT1どころではありませんでした。機首が重いT33は、TAXIアウト時にパワーとブレーキ操作のコンビネーションが崩れると、「ノーズコック」を起こしやすく、狭いランプ地区だとどうしようもなくなります。整備員が機首の下に潜り込んで背中で機体を持ち上げ、その間に他の整備員が前車輪の向きを直してくれるのですが、その間揺れるコックピットの中でじっとしていることは何物にも増して辛いことで、整備員の「OK」のシグナルに「ありがとう」と応《こた》えたくてもマスク着用ですから聞こえるはずもなく、感謝を込めて敬礼するのが精一杯のお礼でした。

チップタンク、メインウィングタンク、リーディングエッジタンク、胴体タンクと、それぞれ独立したシステムになっている燃料タンク切り替えスイッチの操作も複雑でした。

低高度ではスイッチを全てONにしてブースターポンプを作動させておくので問題はないのですが、上空では両ウィングタンクは「OFF」にしておくのです。チップタンクが「ドライ(空)」になったらまず「メインウィングタンク」のスイッチを「ON」にしなければなりません。これを忘れると95ガロンしか入っていない胴体タンクの燃料を使うことになりすぐに「低燃料警報灯」が点灯するのです。

操縦訓練に夢中になって「チップドライ」に気が付かず、この真っ赤な低燃料警報灯を点灯させてしまうと、どんなに飛行訓練がうまくいっても「燃料に対する注意が足りない」と文句なく〝ピンク〟です。これにも実は笑えない苦い思い出があります。

九月に入って主任教官との計器飛行訓練でそれは起きました。

「NHK甲府放送局」上空で、ADF（自動方向探知機）ホールディング（待機）の練習を命ぜられたのですが、ようやく選局出来て局までの予想到達時刻を測定しパターンを設定、教官に報告して甲府放送局に向かったのは良かったのですが、向かい風のせいかなかなか到達しないのです。完全に「幌」を被った状態ですから外を見ることも出来ません。

「もうすぐだ、もうすぐ局だ」と自分に言い聞かせながら直上通過を気にしていると、前席の教官が「もうすぐつくよナ」と言います。そこで「ハイ、もうすぐ着きます」と答えるのですが、教官はしつこく「ウン、もうすぐつくゾ」と言うのです。

突然、計器盤の上方が「真っ赤」に輝くと「それ点《つ》いた！」と勝ち誇った教官の声がしました。その声を聞いてやっと分かりました。教官が「つく」と言っていたのは「甲府到着」ではなく「警報灯点灯」の「点く」だったのです。

「メインウィング・ON」と大声で教官に言いましたが「遅い！　バカっ」と怒鳴られ、日本

空中集合中のT33

語は本当に難しいと思いました！

しかし、これで今日の成績は「ピンク」に決定しましたから普段はあまり好きではない計器飛行訓練でしたが、この日の出来は我ながら満足出来るものになったのは皮肉でした。開き直ってしまい「うまくやってやろう」と思わなくなったからでしょう。

言葉と意思疎通の体験といえば、4機編隊訓練の1番機で後席教官のマイクが故障したことがありました。

訓練空域の気象状況があまり良くなく、やむを得ず雲の隙間でスプレッド訓練を開始したのですが、上空の雲が厚くなってきて徐々に空域確保が困難になってきました。そこで「訓練高度を変更し、雲の隙間から上に出たいと思います」と教官に言うのですが返事がありません。「教官！　高度を変えたいと思います！」と呼び掛けながらバックミラーで後席を見ると、なんと教官はマスクを外して点検しているではありませんか！

実は訓練開始直後に教官のインターフォンがアウトになってしまったのですが、彼と初めて同乗した私は「無口な教官だ」とばかり思っていたのです。

適当に90度ずつ方向変換しながらバックミラーで教官を見ていると、時々レシーバーに雑音は入るがヘルメット自体がアウトで送受信とも駄目らしいのです。

手信号で「お前がやれ」と指示した後、教官は両腕をキャノピーフレームに乗せて編隊の状況を観察し始めたのです。こうなると頼れるものは自分しかいません。ただちに「ロックウィング」して編隊を集合させ基本隊形に組み直すと、雲の隙間から上空に出ました。こうして、より広い訓練空域を確保し、仲間に思い切り練度の高い？　訓練をさせていい気分で帰投しました。

訓練後のブリーフィングで編隊長機教官がラジオアウトだったことが分かると、同期三名はもちろん、三名の教官からも「冷たい目」で見られたのですが、「俺が口出ししなくてもチャンとこなせるのだから65―Cはもう卒業してもいいよ」と教官が言ったので救われました。

そして私は「判断力」と「計画性」を褒められ「優」を頂いたのですが、実は地上で「ラジオアウト」になった場合の教官の事前ブリーフィング通りに機動しただけでした。地上で「十分な打ち合わせ」をして意思疎通を図っておくことがいかに大切であるかこの時に学んだのですが、後に第305飛行隊長時代の総合演習で三沢沖の艦艇攻撃を命ぜられ、百里《ひゃくり》から18機のファントムを引き連れて無線封止のまま進攻した時にこの経験が大いに役に立つことになったのです。

リンクトレーナーという珍しい「計器飛行訓練装置」があったのもT33教育の特色でした。今のシミュレーターの「はしり」で、密閉されたコックピットの中で悪戦苦闘して出てくると、自分の飛行航跡が「インク」で地図上に描かれているのには感嘆《かんたん》したものですが、計器飛行教官課程（JII）の先輩達の航跡図とは比べ物にはなりませんでした。彼等は姿勢指示器のミニチュア・エアクラフトの、幅2㎜にも満たない細い線幅の16分の1幅のピッチ修正が出来るというのですから、その見事な「盲目飛行」ぶりを見ては感心したものです。ブルーインパルスパイロットの操縦技術もそうですが、訓練の偉大さというべきものでしょう。人間の能力に感嘆させられます。

(4)飛行時間2000時間のベテランパイロットも一瞬の煙に……

こうしてこの年の飛行訓練も順調に進捗《しんちょく》して、第1航空団は無事故飛行時間8万5000時間という大記録を達成したのでしたが、十一月二十四日に、ブルーインパルスに信じられない大事故が発生してご破算《はさん》になってしまいました。たまたま計器飛行訓練で基地上空を旋回待機中だった私は、事故発生直後の生々しい現場を上空から目撃してしまいました。飛び石連休明けのこの日、私は主任教官と共に計器飛行訓練中で、浜松ADFを起点にホールディング中でしたが、突然緊急周波数に「クラッシュ！　クラッシュ！　ブルーファイブ・クラッシュ！　ウェストエンド・オブ・ランウェイ。ブルーファイブ、クラッシュ」という管制官の悲痛なヴォイスが飛び込んできたのです。

「アイハブ。オープン・フード！（操縦交代、幌をとれ）」

教官はそう言うとすかさず操縦桿を取ってバンクをとりました。幌を外して下を見ると、私達が体育の時間にソフトボールを楽しむ「矢上のグラウンド」と称していた滑走路西側の、外柵外側の狭い谷に沿った松林から急激に黒煙が立ち上り始めていました。教官が「これじゃ駄目だな……」とぽつりと呟きます。

上空を旋回している間に、南基地で訓練していた救難教育隊のH19が現場に急行して着陸し、何人かが飛び降りて燃え盛る現場に飛び込んでいくのが見えました。

ところがこのH19で教育訓練を受けていたのは、芦屋基地を卒業して救難コースに分かれた我々の同期生・森田忠信3尉でした。彼はこの時の体験記を「Air World

当時の救難ヘリ、H19

（九十二年十一月号）」誌に書いていますから引用しておきます。

『F86Fブルーインパルスが、滑走路27で西方へ、最初の4機編隊がフォーメーションテイクオフした。その後、ソロ機が離陸した。我々が南側で、離着陸訓練をしているちょうどその時である。ソロ機が離陸後、スローロールを打った。右旋転しながらランウェイエンドに沈んでいった。アッーと思う瞬間、ドーンと爆発音と共に大きな火柱が立ち上った。教官は森谷班長であった。私は正席に座っていた。森谷教官がただちに「I have!」と告げると直ぐに離陸、現場に近付いた。まだ煙が上がっている松林の中である。

「あまり近付くと爆発の危険があるから離れて着陸するぞ」「キャビン誘導せよ」

空地に着陸。「森田お前ここでローターを回したまま、待っておれ。you have!」

森谷教官とキャビンのメディックは、機を離れて前方の林の中へ消えた。その間の長いこと。しばらくして二人が帰ってきた。

「駄目だ、機体が飛散してパイロットも判らない。地上救難に任せよう」

森谷教官は操縦桿を私からとって離陸した。空中から見る現場は悲惨であった。』

指揮所からの指示でただちに着陸したのですが、この事故は芦屋における学生訓練時の事故とは違って、大ベテランの、しかも航空自衛隊きっての名手の集まりといわれたブルーインパルスの事故であり、その上現場を上空から目撃したのですから衝撃的でした。

二十五日に部隊葬が執り行われたのですが、二月の芦屋基地に続いて二度目の葬送式でしたから、事故原因についての関心は高まらざるを得ませんでした。

当時第1航空団は、飛行群第2飛行隊を廃止したので、ブルーインパルスは第2飛行隊に所属する「特別飛行班」から、「戦技研究班」に生まれ変わったばかりでした。

二十四日付の将校日記には、「ブルーインパルス・アクロソロ、S2尉殉職。飛行時間2000時間のパイロットも、一瞬の煙と化す。8万5000余時間（1空団の無事故飛行時間）もこのため終了、再出発となる。部隊改編、上司不在間の出来事。心すべし」と書いていますが、航空自衛隊には「人事異動期、指揮官不在時には事故が起きやすい」という「ジンクス」があり、これは、旧陸軍・海軍航空隊時代からいわれてきたものです。きっと組織全体が、「心ここに在《あ》らざる」状態になるからでしょう。

翌週の月曜日から何事もなかったかの様《よう》に教育は再開されましたが、この事故の直接の原因としては、密集隊形をとって地上滑走するブルーインパルスの4、5番機のパイロットは、酸素レバーを100％にしておかないと前方機の排気ガスを吸い込んでCO中毒になりやすく、パイロットがレバー「100％」を忘れていたのではないか？……などと33飛行隊の教官達は推定していました。しかし、飛行隊で行われた安全教育では、衛生隊長が「CO中毒」について教育した後、「酒について」追加教育したのにはいささか驚きました。

衛生隊長は「酒の効用について……」「アルコールの毒性について」とか、「適量は、一日にアルコール50cc、これは清酒だと約1・7合、ビールだと1本……」だとか、「二日酔い（宿酔《しゅくすい》）について……」などと懇切《こんせつ》な解説をしましたが、私達はどうしても事故との関連性について疑問を持たざるを得ませんでした。直接的にはCO中毒だったのでしょうが、どうも残留アルコールの影響もあったようでした。

(5) 憧れのウィングマーク取得

この頃の外出といえば、週休二日制ではないので主として土曜日の半ドンと日曜日でしたが、幹部でしたから基本的には外出は自由で、その気になればいつでも飲酒出来る状況にありました。しかし、飲酒は飛行訓練前の24時間以内は絶対に避ける、という先輩達からの伝統を、私達、当時の飛行学生はかたくなに守っていました。

今では至るところに酒類の自動販売機がありますから、厳密に「禁酒：節酒」を維持するのは、本人の自覚に待つ以外にはないでしょうが、当時の我々は、市内に夕食に出ても、食堂のおばさんから「明日飛ぶの？」と聞かれ、「飛ぶ」と答えると酒は絶対に飲ませてもらえませんでしたし、逆に自分から「トマトジュース」を注文し、飲みたいビールをぐっと堪《た》えるのが、いわば当時のパイロットの卵としての美学であり、「パイロットらしさ！」「カッコよさ！」の表現でした。

そういう意味からいうと、この「フライト24時間前からの禁酒」というパイロットの伝統は実に単純な「自己陶酔《とうすい》」にふけっていたものだと言えなくもありませんが、当時は、この掟《おきて》を破ることは空中勤務者たるパイロットにとって「最大の恥」だと考えていたのです。

今でも「航空自衛隊パイロットの親睦《しんぼく》会」では、

◎パイロットの名を汚《けが》すなかれ

◎パイロットの名に驕《おご》るなかれ

◎パイロットの名に甘えるなかれ、

という「三戒」が掲《かか》げられていますが、何よりも掟を破れば「身を滅ぼすのは自分」であり、貴重な国有財産を破壊しかねないと自覚していたからです。

実戦部隊に出てからは、自分のみならず、部下を巻き込むこともあるわけですから、自制心の涵養《かんよう》は「修行」に通じるものがあったと思っています。

その意味から、「生き延びるためには強い自制心と意思、何よりも自分はもとより、上級者になるに従って編隊員皆の健康管理に気を使うことが大切である」という衛生隊長の指導内容は十分に理解出来ましたし、ありがたい教育であったと今でも感謝しています。

ウィングマーク取得（左胸）

その後私は、編隊長、飛行班長、飛行隊長、飛行群司令、航空団司令と成長するにつれて、部下の健康状態を確実に掌握《しょうあく》しようと心掛けたつもりですが、それはこの教育のお陰であったと思っています。

年が明けて一月十七日、我々65－Cは所定の飛行訓練を終了し、二十九日に晴れて卒業式を迎え、念願の「ウィングマーク」を授与されました。将校日記には、「全員そろって卒業し、念願のウィングマークを受領す。1、2操校の卒業とはやや異なり、門出たるを思う時感激を禁じえず。

FC－85（戦闘機課程）の入校式。全責任は自分自身にある。さらに専心、修行に励むを誓う。同期C（チャーリー）8名、記念撮影す。遺影となる事なき様祈りつつ……。空は晴れ、前途を祝うが如し」と書いています。

防大卒の同期生は百二十五名（うち五名はいわゆる任官拒否）で、奈良に入校した百二十名が操縦適性検査（地上テスト）で六十名になり、さらに防府基地での操縦適性検査（空中）で三十名になりましたが、操縦英語課程（奈良）卒業時には二十八名になっていました。

そして念願のウィングマークを取得出来た者は、レシプロ・ヘリを合わせて二十名（取得率

16・6%）に減少、そのうちジェット（戦闘機課程）に進めたのは十五名（12・5%）でした。

4、戦闘機操縦課程（86F戦闘機：浜松基地）

(1)「FC－85」コースへ

晴れて86F戦闘機操縦課程に入校した我々は、引き続き同じ浜松基地で生活を続けることになりました。飛行群内の移動ですからフライトルームも、ベース・オペレーションを挟《はさ》んだ同じ並びで何の変化もなく、変わったことといえば学生舎が1階から2階に移動したくらいで、改めて新課程に入校した気分にはなりませんでしたが、大きな変化は、制服の左胸に念願のウィングマークが付いたことです。

現在は、防衛記念章という〝略章〟を誰でも付けていますが、左胸に徽章を付けていたのは、当時はパイロットだけだったのです。

これで我々は他の学生達とは異なる「戦闘機乗りの卵」になったのです。

引き続き、飛行群司令・真崎1佐のもと、第1飛行隊長は川邊龍一2佐、飛行班長は船橋契男1尉、主任教官は操学1期の棚倉久幸2尉という陣容でした。

棚倉主任教官は、「君らはすでにウィングマークを付けたパイロットなのだから、自分自身で研究し、積極的に勉強すること」と言うだけで、各教官達も若くはつらつとしており、階級

富士山を背景に飛ぶ86Ｆの隊形とコックピット

もほぼ同階級なので我々を「仲間」として扱ってくれていましたから、教官は我々にとっては「良き兄貴分」でした。

地上教育が始まりましたが、今までになかった86Ｆの「コックピット・トレーナー」による訓練はいやが上にも真剣味を増すものでした。

戦闘機操縦課程が、今までのＴ34、Ｔ1、Ｔ33による飛行教育と決定的に違っていたのは、86Ｆは単座機（一人乗り）ですから最初から自分一人で操縦しなければならないことでした。泣いても笑っても教官が後席から手助けしてくれることは絶対にないのです。

従って、プロシージャー（手順）を確実に覚えていなければ、ただちに「緊急事態→事故」に直結するのです。

現在、松島と米国で行われている戦闘機操縦課程では、国産戦闘機・F2の複座型であり、米国でも同じく複座のT38型機を使用していますから、この感覚は絶対に味わえないのです。主任教官が改めて「積極的に勉強しろ」と言わずとも、これからは自分の責任で全てを処置しなければならないのでした。

今ではシミュレーターが発達していて、実機とほとんど同様な感覚で事前訓練が出来ますから、教える側も教えられる側もそれほど心配することはありませんが、当時は86Fのコックピットを模擬《もぎ》して作った、音も出なければ動きもしない、ただスイッチ操作をすると電気系統だけが実機と同様に作動するだけの「トレーナー」に頼る以外になかったのです。

リンクトレーナー室の片隅にあるこのトレーナーでは連日真剣な教育が行われました。教官が操作盤で緊急事態を生じさせると、学生は大声を出しながら手順を実施し、間違えると教官が後ろから「竹刀《しない》」で頭を叩くのです。ですからその後我々は〝防護用〟に陸上戦闘用のヘルメットを被ったものです！

この機材を担当している装備隊の整備員達にとっても、真空管を多用したこの装置の整備は大変だったよう様で、いつもどこかが故障していたものです。このトレーナーと、実機の「コックピットタイム（操縦席に座ってイメージトレーニングしつつ手順を覚える）」を併用することによって、次第しだいに操縦感覚が養われていくのです。

⑵ 感動した雨の中での地上滑走

こうして一か月近く経った二月二十五日に、実機によるＴＡＸＩ訓練が小雨の中で実施されました。私の教官はブルーインパルスのパイロットである植竹國昭２尉でしたが、地上滑走中に使用するステアリング（舵取り装置）の「遊び」に慣れず、左右に「ガクガク」と首を振りながらＴＡＸＩします。

この間、座席は私で「満席」ですから、識別帽を被り顎紐《あごひも》を掛けた雨合羽姿の植竹教官は、右足を主翼の付け根に、左足はステップに置き、右手でキャノピー、左手でウィンドシールドを握って機体にへばり付き、そのまま長い誘導路を東に向かうのです。

五年後、私もこの時の植竹２尉と同様な格好をして学生教育に従事することになったのですが、教官が操縦席の外側にへばり付いた86Ｆが〝尻尾《しっぽ》（垂直尾翼）〟を振りながらＴＡＸＩする姿はご当地浜松の「風物詩」になっていて、これを見た土地の人々は「また新米の学生さん達が入校した」と、外柵沿いに並んで手を振ってくれたものです。

中には、86Ｆの大きな方向舵が左右に激しく動くのを見て「ジェット機は地上ではあのシッポを団扇《うちわ》のように動かして前に進むのだよ」と子供に教えていた親もいたといいますから赤面したものです。いくら何でも86は「金魚」の仲間ではありません！

進入許可をとって滑走路に入り、離陸前のエンジン100%チェックをするのですが、この時も教官は機外にへばり付いたままで、スイッチ類の点検状況を厳しく監視しています。ただでさえヘルメットを被り酸素マスクを付けている学生と、そうでない教官との会話は困難なのに、その上機体の振動と騒音で教官の指示は全く聞こえませんから、ほとんどが「手話」とシグナル、それに「目付き」で互いに意図《いと》を察する、つまり〝以心伝心〟の世界なのです。やがて管制塔から「シュミレート・テイクオフ（摸擬離陸）」の許可がきたことを教官に目で伝えると、植竹教官は風圧を避けるため、風防の内側に顔を寄せて「GO、GO」と手振りで示しますから、私は頷《うなず》いて前を見てブレーキを放します。

機体が加速して速度が60ノット（時速約110㎞）を超えた頃スロットルをアイドルにして滑走路を走行するのですが、開放されているキャノピーから風が入ってきて凄い騒音です。やがて滑走路エンドからインターセプトを経て誘導路に戻り、再び機首を振りながらランプに戻ります。ランプインを2回訓練して2分間のクーリング（エンジン冷却運転）後エンジンを切り、ほっとして操縦席から降りると、そこには雨に濡れた植竹教官が立っていて私は深く感動しました。

こうしてどうやら86Fを地上で「動かしてみる」ことに成功し、二十八日からFC－85の飛行訓練が開始されました。

普段は富士山頂に傘雲があるから回避出来るが、これがない時が危険なのである

ＢＯＡＣ機の墜落シーン

⑶連続して起きた民間機事故

ところで我々が飛行訓練を始めた二月四日に、全日空のボーイング７２７・８３０２号機が東京湾に墜落して百三十三名が死亡。一か月後の三月四日にはカナダ太平洋航空のＤＣ－８機が羽田に着陸後擱坐《かくざ》炎上して六十四名が犠牲になり、こともあろうにその翌日の五日には英国国外航空のＢ７０７型機が富士山上空で突然空中分解して墜落、百二十四名全員が亡くなる等、民間航空の大事故が異常なほど多発したのですが、中でもＢＯＡＣ機の事故は私にとっては忘れ難い事故でした。

というのは、当時の第1航空団は、パイロット学生の父兄を対象にした「父兄参観行事」を三月三日から六日にかけて実施したのですが、三月五日（土曜日）のＣ46による父兄の体験飛行は、春一番の影響で上空はタービュランスがひどく、かなりの父兄が酔っ払って降りてきたのを見ていたからです。

そんな強風の中で実施されたブルーインパルスの展示飛行だけは見事で、父兄達を感激させたのでしたが、私も父親や親戚達をこの行事に招待していたので、行事終了後、謡曲の好きな一行を「羽衣」で有名な三保の松原見物に連れ出したのです。

ちょうどBOAC機が墜落した時間帯に富士山をバックに写真を撮ったことを思い出し点検してみたのですが、新聞に掲載された墜落する機体と白煙は写っていませんでした……。

この事故が契機になって「CAT（クリアー・エアー・タービュランス）」が大問題になり、これ以降、気象隊が「富士CAT」情報を提供するようになったのですが、一瞬のうちに主翼が折れて空中分解し、百二十四名が乗った胴体が「無翼」の物体となって富士の裾野に墜落して全員が死亡したのですから、目に見えない気流の影響を再認識させられたものです。さらにこの事故調査には、防大時代に航空工学科の主任教授として教えを受けた守屋富次郎《もりやとみじろう》元防大教授が委員長として、海法泰治技術研究本部第3研究所長、航空医学実験隊の黒田勲1佐等が委員として大活躍しました。

社会情勢は事故の後遺症で喧騒《けんそう》を極《きわ》めていましたが、我々の飛行訓練は淡々と順調に進捗していました。三月十四日の将校日記には、

「86F戦闘機に、すでに7時間余乗る。最近はかなり機に慣れて快適なる飛行なれども、単座

機ゆえに全責任は自分にあり。些細な点検においても異常を見逃すべからず。

一人大空を漂うは寂しき極み。大自然は雄大にして人間の小さきを痛感する」

などと哲学的な所感を書いているのですが、この頃は、単座機であるがゆえにチェイス（追《つい》従《じゅう》飛行）をする教官との意思の疎通上起きる色々なハプニングがフライトルームの話題をさらっていましたから、息抜きに、少し紹介しておきましょう。

(4)日本語は難しい！

タッチアンドゴー（連続離着陸）の時にＭＯＢの教官が、最終進入中の学生機に対して「アタマをもう少しあげて……」とアドヴァイスしても、学生は「ハイッ」と答えるだけでちっとも機首（通称アタマ）が上がらなかったことがありました。

教官がさらに「もっと頭を上げて、上げて……。返さんカー（引き起こせ！）」と言って初めて機首が上がって事なきを得たのでしたが、実は、教官が「アタマを上げて……」と言ったので、学生はコックピットの中で自分の「頭」を上げていたのです。

これに似たことを、私は教官になって体験しました。

通常「脚」のことを我々は「アシ」と呼んでいました。ところがイニシャルチェイス（初めて86Ｆで飛ぶ学生を教官が追従する飛行）の時に、離陸した学生機の「脚」が上がらなかったのです。

私は後方から「アシを上げろ！」と無線で呼び掛けたのですが、それでも上がりません。再度「アシを上げないか！」と怒鳴ったところ「上げてます！」という答え。

私は学生は「脚ハンドルを上げ」にしているにもかかわらず脚が上がらない、つまり「脚上げ不能事態」だと判断して、ただちにパワーを若干絞らせ、機首を上げて制限速度をオーバーさせないようにし、脚系統の点検を命じたところ、スーッと学生機の脚が上がっていくのです。海上に出て脚の上げ下げを実施させたが異常はありません。

一時的な現象だと考えて訓練を続行したのですが、無事に帰投して初めてその原因が分かりました。〝学生さん〟は自分の「足」をコックピット内で持ち上げて「教官は変なことを言うなあ」と思っていたというのです。

単座機である86Fでは、指導するための指示は無線しかありません。限られた状況下で言葉で指示する時は、相手がどう判断するかをよく検討して「適切な言葉」を速やかに選ばなければ意思は伝わらないということを学びました。こんなこともありました。

ある張り切り教官が2機編隊で学生訓練中、「上がるな！　バカッ、下がるな！　のめるんじゃない！　なにやってるんだ！　遅れるな！　バカッ離れるんじゃない！　こらっ、近すぎる！」と学生を怒鳴りまくっているのが無線に入ってきたのです。

そのつど学生は「はいっ」と答えるのですが、訓練中の無線周波数は同じですから、独占されてこちらの教育もやりづらくて仕方がありません。ついにあちらこちらで訓練中の教官から「ちょっと黙ってよ」と抗議のメッセージが飛び込んでくるようになりました。

指導された学生は、教官の意思が分からなかったことでしょう。つまり、3次元の世界で「さがるな」と言われても、高度上「下がる」のか、前後位置関係上後退する「さがる」なのか分からないからです。

学生は教官には逆らえませんから、「ハイ」としか答えません。これでは効果的な教育は出来ません。

2番機に「正規の位置」に付かせるための教え方には色々あるでしょうが、教官からみて「そこだ」という位置につかせて、「その位置を覚えさせる」方が学生には理解されやすいのです。複座機であれば後席から教官が「デモ」することも出来ますが単座機ではそれが出来ませんから、無線だけが頼りで「言葉」が唯一の手段なのです。

正しい用語を短く、かつ適切に用いることがいかに大切かということを、私は86Fの教官時代に嫌というほど思い知らされたのでした。

(5) 86野郎は視力が生きがい

話を学生時代の訓練に戻しましょう。

この頃86Fには経年変化が現れていて、主翼が折れて墜落する事故があったのですが、その原因が主翼と胴体を連結している「ボルティング・バー」に亀裂《きれつ》が入っていたからだと分かり、全機改修指示が出されました。そして改修出来るまでの間は、最大4Gまでしかかけてはいけないという、いわゆる「G制限」が課せられたのです。

これは教育上大変な障害になりました。戦闘機操縦課程であるにもかかわらず、空中戦闘訓練（空中戦）、AAG（空対空射撃訓練）など、全ての戦技訓練が最大4Gまでしかかけてはいけないというのですから、技量未熟な我々学生にとっては訓練にならないも同じです。空中戦闘訓練中に「ここぞ」と思うところで相手機よりも自分の「Gメーター」を見ながら旋回しなければならないのですから……。

私も一度オーバーGしてピンクをもらったことがありますが、AAGで射撃を終わり離脱時にTOWシップ（標的曳航機）のジェット後流に入り、慌てて操縦桿を引いて離脱したのですが、上昇しながらGメーターを見ると4・5Gです。「オーバーGしました」と教官に報告すると「離れて待っておれ」と言います。射撃パターン外をふらふらと飛んでいる時の虚《むな》しさはたまったものではありませんでした……。

また、この頃の戦闘機課程（FC教育）では、練度が上がると教官1機に学生3機の編成で飛ぶことがよくありました。2対2の空中戦闘をアルプス上空で実施していた時のことです。教官は渡辺1尉で私が3番機（エレメントリーダー）、4番機は同期の大金3尉でした。

　訓練が始まり、私は渡辺編隊に斬り込みを開始します。

「大金っ、いくぞっ」「おう！」

　等と互いに気合いを掛けて教官編隊に斬り込んでいき、やや優勢な位置に付いたと思った時、大金3尉が「ボギー（他機）……」と叫びました。

　見ると横田に帰投中と思われる米軍のB57軽爆撃機が、訓練している我々を見つけたらしく、上空から「仲間入り」しようとしているのです。これを見た渡辺1尉は「よし、訓練中止。迎え撃とう。佐藤、隊形をとれっ」と私に言います。

「ラジャー」と答えてただちに渡辺編隊を掩護《えんご》するため、戦闘隊形位置に付くと、B－57は我々の方に向かってきます。

「佐藤、俺達の前に奴を引っ張ってこい。挟み撃ちにしよう」

「はいっ。大金ついて来いっ」

B-57

「おう！」

こうして2、3回絡み合ったのですが、B57はさっと離脱して、何事もなかったかのように「横田方面」に進路を向けたのです。「野郎、逃げやがったか！」

渡辺1尉は悔《くや》しがりましたが、双発の爆撃機とは思えない軽快な動きといかにも「ヤンキー」らしいお茶目ブリが印象的で、我々学生にとってはまたとない「実戦的訓練」でした。

GCI（要撃訓練）では、今のようにミサイルが発達していませんでしたから、当時は主として12・7㎜機関銃による攻撃訓練でした。

要撃成功の第1要件は、いかに遠距離で敵を目視発見するかにかかっています。

訓練を重ねると、最低でも7〜10マイル（約15㎞〜20㎞）までには発見出来るようになるのですが、私の最大の発見距離は目標が86Fで22マイル（約40㎞）でした。棚倉教官が何度も「本当に見えているのか？」と私に聞きます。レーダーサイトも半信半疑らしく、頻繁に情報を伝達してくれています。

余裕をもって攻撃を終えた時は実に気分が良かったものです。そして「煙草《たばこ》をのまなくて良かった」と思いました。私は煙草は視力に悪影響を及ぼす、という学説を固く信じていたからです。

(6)夜間飛行で〝落とし物〟

ある時、夜間航法訓練で実に面白いことが起きました。コースは浜松↓河和↓串本↓信太↓河和↓浜松でしたが、無事着陸してフライトルームに戻ろうとすると、隣にランプインしていたF3尉の機体回りが妙に騒がしいのです。整備員達が翼の下に潜り、懐中電灯で何か点検していています。一緒にしゃがみ込んでいたF3尉が私を見つけて「おい、ドロップタンクは付いていたかなあ?」と聞きます。

「120ガロンタンク付きだよ。どうしたんだ?」と聞くと、「俺のには付いていないんだ。初めから付いていなかったような気がするが……」と言います。

そこへ整備小隊長付きの同期T3尉が駆け付けてきて、「何を言うか。学生の夜間飛行訓練にクリーン機(タンクなし)を使うわけはない。全機120ガロン付きだ」と言います。これでようやく理解出来ました。F3尉の120ガロンドロップタンク、2個が着陸後の点検で消失していたのです。やがて棚倉教官も駆け付けてきてことは次第に大きくなっていきました。

F3尉の証言によると、飛行中、突然乱気流に遭遇したようなショックと揺れを感じたので計器類を点検したが異常はなかったといいますが、悪いことにちょうどドロップタンクがドライになる時期だったのです。しばらくすると速度が増加しているのに気が付いた彼はスロットルを絞って規定の速度にしますが、どんどん加速するので「この機体はパワーが強い……」と思っていたというのです。

「お前が、その〝乱気流〟に遭遇した地点はどの辺だ？」と棚倉教官が聞くと、F3尉は地図を広げながら「ちょうどこの辺りです」と奈良県と三重県の県境付近のコース上を指しました。

ドロップタンクを回収するため地上捜索隊はただちに出発しましたが、翌朝自宅の庭に「爆弾らしいものが落ちている」という住民の通報で1本は回収されました。

86Fと120ガロンタンク

翌日の新聞に農家の庭先に突っ立った120ガロンタンクの写真が出たのですが、その地点はF3尉が地図に示した地点と寸分の狂いもなかったので、当然ピンクのはずでしたが「航法」だけはエクサレントでした。

落下の原因は回路がショートしたらしい……ということでしたが、普段から「のんびり」した性格のF3尉だったため、しばらくは「お前がボケーッとしてスイッチを押したのだろう」と詰問《きつもん》され、打ち消すのに必死でした。

2本目のドロップタンクは、やや離れた山林の中でペシャンコに潰《つぶ》れた状態で発見されましたが、落下状態によってはこんなに損傷の程度が違うものかと驚いたものです。それにしても地上に被害がなくて幸いでした。

卒業を一か月後に控えた七月一日、我々は2等空尉に昇任しました。

この日の将校日記には、「本日付中尉に昇任。責任のますます大なる事を痛感するとともに『学未だ成らざる』のコンプレックスに悩む。学生中尉の悲哀か」と書いています。

そしてこの月の二十八日にその「学生の悲哀」を味わうことになったのです。将校日記を引用します。

(7) 松の枝をひっかけた話

「本日、戦闘機操縦課程最後の飛行訓練にして1回目、計器飛行検定を終了。2回目、空中戦訓練にて、長機K3尉（教官）、2番機T2尉、3番機E2尉、4番機私の編成でアルプス上空にて訓練（空戦）を終了。アイドルレットダウン（エンジン回転を絞って降下）の訓練を行い降下、さらに基本隊形の訓練を行いありしが、高度900フィート付近にて、尾根を通過時、E2尉機に松の枝が触れ損傷す。ただちに帰投し事無きを得るも、一歩誤れば人命を失う大事故の可能性大なり。大いに反省すべき点あり。

1、最後の飛行訓練（課程等における）は、往々にして気の緩みがある。

2、『長機に従う』鉄則の限界。
3、階級による責任の問題。
即ち、飛行時間等経験は少なけれども、又、編成は定められてありといえども、軍人としての責任はむしろ階級の上なる者の判断にありはせぬや。難しき問題なり。」


この日FC－85課程で飛行訓練時間が約1時間ずつ余った我々三人は、K教官指揮のもと演練項目『ステイ・ウィズ・リーダー（編隊長に従う）』を掲げてアルプス上空に進出しました。2対2の空中戦を終了して教官の指示でダイヤモンド隊形を指示され、4番機の私はまるでブルーインパルスのメンバーになったかのように嬉しく、ファイトを燃やして最後尾の位置に付きました。いつもの編隊訓練の「トレール」位置に付くのですが、この日は両サイドに同期がいますから、前方3機のブラストを浴びながら懸命に編隊を組んでいると、前下方から尾根が迫ってきては腹の下を過ぎていきます。そのたびに編隊は動揺してぐらぐらと揺れます。

「しっかり付かんかー、バタバタするなっ」

教官の叱咤激励のたびに我々学生は「おう」と答えながら、懸命に隊形を保持していましたが、ついに2番機が「教官、少しスタックアップ（位置を上にずらす）します！」と言いました。

K教官は「スリー（3番機）もスタックアップしろ」と言いましたが、最下位にいる私には何も指示がありません。

眼下を尾根に沿った「バンガロー」らしきものが飛び去るので、良い気持ちはしません。「負けてたまるか！」と自分に気合いを掛けたその時、「フォー（4番機＝私）は少し離れろ」という指示を受けました。〝離れる〟といっても位置が分かりませんから、「セイアゲイン？（再送せよ）」と聞くと、「ワン（1番機）のファイティングポジションに付け」と教官は言います。

「ラジャー」と応えて後方に移動しようとした時、1番機のブラスト（ジェット後流）をまともに浴びて、ぐらりと上方に弾《はじ》かれました。やっと態勢を立て直して1番機のファイティングポジション（やや斜め右上方）に移動しようとした瞬間、3番機のE2尉が「教官！　何か当たりました！」と叫んだのです。

「ナニッ、プッシュアップ（増速）。ルーズフォーメーション！（緩やかな隊形）」

そういうとK教官は徐々に高度を取りました。最も尾根を通過してしまうと〝対地高度〟は十分なので慌てて高度を取る必要はなかったのですが、パワーがアイドルに近かったので上昇姿勢になったのです。

教官機がE2尉の機体をなめるように点検し、左翼側に来た時に「何か当たっトルナー」と呟きました。高度1万フィート、進路を飛行場に向けながら指揮所に報告すると、船橋飛行班長が「ポジション（位置）&アルト（高度）？」と聞きます。

「オーバー上高地、1万……（上高地上空1万フィート）」と教官が答えると「鳥だろう……」と指揮所の班長が言いました。

ちょっと待てよ、高度1万フィートを飛べる「鳥」は、日本イヌワシくらいではないか？と思いましたが、「かもしれません……」とK教官は答えます。

「SFOパターン（摸擬不時着経路）で降ろせ」

「ラジャー」

私は3番機の左側に付き、ドロップタンクの先端が潰れ、パイロン（タンクの継手《つぎて》）が見事に裂けてブリキ板のようにバタバタしており、左翼前縁一面の打痕《だこん》、胴体側面にもやや目立った打痕がある3番機を見つめながら基地の近くまで来ると、2番機と共に天竜川上空で待機に入りました。

これが戦闘機操縦課程における我々の最終フライトだったのですが、着陸してみてさらに驚きました。

ランプインした私のすぐ左側が先に降りたE2尉機で、整備員達がたくさん集まっています。エンジンを止めて降り、呆然と立っているE2尉のそばに行くと、整備補給群司令Y2佐が近寄ってきて、「お前達、これが〝鳥〟か！」と言いながら直径約5㎝、2m近い長さの松の枝を突き付けました。枝は中ほどで折れていましたが、パイロンと主翼下面に食い込んでいたのだといいます。場内救難隊は恐らく指揮所から「鳥との衝突」と伝えられていたに違いありません。事故調査で調書を書かされ、何度も呼び出されて証言をさせられましたが、我々学生が「虚偽《きょぎ》」の報告をしていないことが分かって解放されました。

学生の身分ではありましたが、最先任であった私（2尉）は飛行群司令室に出向き、四月に真崎1佐と交替した吉崎巖2佐に「これはK教官（3尉）が我々に編隊精神を教育するための行為だった」ことを報告し、何分にも規律違反等で厳しい処分を受けないように懇願しました。吉崎2佐には、「先任とはいえ貴様は学生である。差し出がましいことを言うな！」と怒られました。しつこく食い下がる私を「いいから戻れっ」と立ち上がってハットメントの出口まで追い返すと、「貴様の気持ちはよく分かる。心配するな。Kは首にはならんよ」と言い、ニッコリ笑って肩を叩いたのです。この時の吉崎群司令の顔は未だに忘れられません。

そしてそのほとぼりも覚めやらぬ八月六日に我々は卒業式を迎えたのです。

「長かりし操縦学生時代の締めくくりたる卒業式を終了せり。八名のコース、全国に分散す。今後の健闘を祈らん。

隊長、草間中佐の言葉

1、気持ちの上で教官以上の技量を保持せよ。
2、頼る気持ちを無くせ。
3、今後の努力が問題である。
4、身辺の整理、心構えを常に戦闘準備完了にしておけ。（殉職時の心構えと見た）
主任教官、棚倉中尉の言葉
1、研究心、積極性、体育を欠かすな。
2、自己の技量を過信するな。
3、飛行班の人間関係が大切。素直な態度。
4、弁解するな。」
と八人の仲間それぞれの赴任先と共に書きとめています。

思えば、パイロットに憧れて防大に入校して以来七年、操縦コースに入ってから二年二か月が経っていました。

単座機である86Fは最初から「単独飛行」でしたから、教官の直接保護はありませんでしたが、自分の責任のもとで、自由自在に空中を飛び回れるのが大きな魅力でした。今思うと、この貴重な体験が、その後の私の生きざまを決定したような気がします。

こうして戦闘機課程を無事に終えた我々同期生十五名は全国に散ったのです。

第3章

晴れて戦闘航空団へ

1、スクランブル勤務に就く

(1)第8航空団第10飛行隊（86F：築城基地）

築城基地に配属された私は、購入した中古車にカタツムリのように全財産？　を積んで東海道、国道2号線をたどって九州へ出発したのでしたが、今のように中国自動車道はありませんでしたから、エアコンなしの車で大型トラックの行列に混じって真夏の山陽道を走るのは苦行に近かったものです。

八月十日、難行苦行の末、福岡市に入り無事に自宅に戻って父に元気な姿を見せ、二日後の十二日に第8航空団に無事着隊、同期E2尉は対地攻撃を主とする隣の第6飛行隊に、私は要撃戦闘を主とする第10飛行隊に配置されました。

当時の築城基地

「拝啓　残暑の候皆様には如何おすごしでございますかお伺い申します。さて私はお陰様で浜松における戦闘機操縦課程を終了致し、この度第8航空団勤務を命ぜられまして、去る十二日に無事着任致しました。郷里九州の山脈を眼下に任務につける事はこの上ない喜びでございます。諸先輩にも負けぬ様努力する覚悟でありますので今後ともよろしくご指導下さいます様お願い申します。

昭和四十一年八月

福岡県築上郡椎田町

第8航空団第10飛行隊　中尉（2等空尉）　佐藤　守」

これは着任時の挨拶状ですが、ようやく一人前の戦力（自衛官）になった気持ちが表れているように思います。

そして着任したその日の夜、築城基地名物の「幽霊」から手厚い歓迎を受けたことは、拙著『ジェットパイロットが体験した超科学現象』（青林堂）に書いた通りです。

配属された福岡県・築城基地は、西日本の防空を担当する、特に対馬海峡を防衛する実戦部隊です。平時の任務は、有事に備えて各種の実戦的訓練を積むことですが、国籍不明機による領空侵犯に備えたスクランブル勤務は、平時における実任務です。

スクランブル（緊急発進）とは、自国の領空に接近する国籍不明機に対して戦闘機が最短時間で離陸することをいいます。航空自衛隊では全国の戦闘機基地で24時間継続して行われており、平成二十四年度のスクランブル回数は567回で、平成二年以来、二十二年ぶりに500回を超え、情報収集機などのスクランブルを合わせれば出動回数は800回を超えると発表さ

初アラート写真。待機中の私と当日のメンバー

れています。私達の頃は対象は主としてソ連機でしたが、今や中国機に対するものが多くなっています。警戒待機についている戦闘機には実弾（ミサイルと機関砲弾）が搭載されていますから、スクランブルは「主権を守るため領空侵犯を防ぐ実戦行動」であり、侵犯した航空機に対しては「警告射撃」「強制着陸」または「撃墜」も正当化されています。

昭和五十八年九月一日に、当時のソ連のＳｕ15戦闘機が、領空侵犯したとして日本人二十八人を含む乗員乗客二百六十九人が乗った大韓航空のジャンボ機を樺太上空で撃墜した事件は、冷戦時代を象徴する事件でした。

「民間機に対する武器の使用」は控えるよう取り決められていますが、この事件が象徴するように国によっては一方的に「スパイ行為」「指示に従わなかった」などと厳守される保証はありません。このようにスクランブルは国家防衛の最前線であり、国際紛争に直結しかねない緊張した任務なのです。

私は第10飛行隊で徹底的に鍛えられ、昭和四十二年三月四日にようやくOR（実戦配備）の資格を得て、勇躍86Fでスクランブル任務に就《つ》きました。

発進命令は旧国鉄のホームにあったようなベルで突然知らされます。Gスーツを着け完全武装で5分待機についていると、電話のベルが鳴っただけで飛び出しそうになりますからそれだけ緊張しているのです。しかも誰かが間違って飛び出すと整備員達も〝付和雷同《ふわらいどう》〟して、一斉に飛び出すほどで、ベテランといえどもかなり緊張する勤務でした。

(2) スクランブル！

初スクランブルで飛び出し、対馬海峡を通峡中のソ連のTU95爆撃機を目視発見したのは天候不順な日でした。何層もの雲の間に〝黒いクジラ〟のような機体を発見、赤い星のマークと胴体上部と下部、それに尾部の23㎜連装機関砲を目視した時は興奮したものです。

当時の200㎜レンズ付きのIDカメラは1番機だけが搭載していて、空中では片手でファインダーを覗くのですが、ヘルメットを被り酸素マスクを付けていますから、バイザーを上げてもファインダーに目を近付けることは不可能でした。そこで「腰だめ撮影」になりやすく、現像後画面がずれたりブレていたら、地上勤務者から「しっかり撮ってこい」と文句を言われます。しかし86Fはオートパイロットもない一人乗りだからそれは大変です。上空では片手操縦で相手を監視しつつ、無線通信も維持しなければならないのですから口で言うほど簡単では

ＴＵ95。上部、尾部、下部に23㎜連装機関砲がついていて時々狙われた！

ありません。今はデジカメという便利なものになりましたが……。

2番機は1番機が指揮所に通報する報告内容を記録するのが任務でしたから、私は右太ももに「機種・機数・官民の別……」などと項目を書いたセルロイド版を取り付け、左手で操縦しながらグリス鉛筆で記録するのです。しかしこれも悪天候時は難しいものでした。

特にこの日の2機のペアは、我々を挟み込もうとジグザグ飛行しましたから4機とも雲中飛行です。危険を感じて雲上に出るとベアは分厚い雲の中から出ることなく、そのまま帰投していきました。捜索用レーダーもなく12・7㎜機関銃6門という貧弱な装備の86Fをソ連のパイロットは舐《な》めきっていたのだと思います。

当時の対馬海峡は、太平洋側を南下して日本列島を一周して沿海州に戻る「東京急行」と称するソ連大型爆撃機の通り道になっていましたが、この頃のソ連機はどうも我々航空自衛隊の、ミサイルも積んでいない86Fを「舐めて」いたことは間違いありません。

ある日、宮崎2尉と組んで日本海上空でベアを監視していた時のことです。

いつものようにジグザグ飛行で我々を「翻弄《ほんろう》」していた2機のベアが、互いに急接近してピタリと編隊を組み、おとなしくなったのですが、それは岩国の米海兵隊所属のF4が2機、後方から彼等に接近してきたからでした。

我々はレーダーサイトから「離れて監視するよう」に指示されたので見ていると、F4の1機はベアに〝超〟接近して機体をなめ回すように飛んでいて、その約2マイル後方にもう1機がピタリと占位《せんい》してリーダーを掩護しています。F4は4発の空対空ミサイルを積んでいましたから、さすがのベアも手出しは出来なかったのでしょう。

しばらくすると、後方のF4が我々に接近して来るや、後席パイロットがまるで「もういいから帰れ!」とばかりに我々に手信号するではありませんか!

宮崎2尉がそれを指揮所に伝達すると、なんと指揮所は「それでは帰投していいです」と言うのです。この時ほど86Fの貧弱《ひんじゃく》な武装を悔しく思ったことはありませんでした。

今でも私は、あの時のソ連機のパイロットは、ミサイルも積まず「豆鉄砲」しか装備していない我が86Fを「舐めきっていたのだ」と思っています。

その後、昭和五十五年になってようやく空自もミサイルを搭載することになりましたから、それ以降はソ連機も〝少しは〟おとなしくなりましたが……。

ホットスクランブルの思い出は尽きませんが、田中2尉と日本海中部まで進出してようやく目視発見したのが米海軍のA6・2機だった時のことです。我々が接近してくるのに気付いた彼等は反航《はんこう》してきて空中戦になりかかったことがありました。

絡み合ったところでレーダーサイトが緊急周波数でA6に警告したため、不服そうに去っていきましたが、本気でやる気があったのでしょう。戦闘機乗りは一般的に「見敵必殺」精神をたたき込まれていますから……。

燃料ぎりぎりで帰還したこともありました。

竹島上空に迫る国籍不明機(韓国機?)に対して、石山3尉とスクランブルした時のことです。不明機が引き返したので、そのまま見島上空で、しばしキャップ(警戒待機)した後帰投を命ぜられたのですが、着陸寸前に、今度は南にスクランブルされ、慌てて脚を上げたものの1番機に集合する間もなく雲中に飛び込み見失いました。

レーダーを持たない悲しさ、雲上に出たものの、迷子になった子供のような気分で探し、やっと追いつくと、燃料が少ないにもかかわらず、種子島の北で急降下させられ、都井岬《といみさき》沖まで海面すれすれで追いかけ、ようやく捉《とら》えた目標は岩国へ帰る米海軍のP3Cでした。彼等は常に隠密飛行しますから、飛行計画が知らされていなかったのです。

ところが超低高度、低速目標なのに指令官は機体番号を読み取れといいます。石山3尉が

「ふらふら」飛びながら番号を読み上げるのですが、今度は低高度のため無線が届きません。ようやく帰投を指示されたのは日向市沖でしたが、燃料はすでに800ポンドを切っていました。石山3尉が新田原《にゅうたばる》の気象状態を聴いたので引き返して新田原基地に着陸するのか？ と思ったのですが、彼は築城に帰る決心をして一直線に急上昇を始めたのです。

こうなると不思議なもので、空《から》の200ガロン落下タンクが邪魔物に見えてきます。国東《くにさき》半島上空からアイドル降下し、雲の切れ間を縫《ぬ》って直接ファイナルに進入して着陸したのでしたが、残燃料は200ポンドを切っていました。

後で石山3尉と二人「雲の切れ間がなかったら……」と、幸運に感謝したものです。この体験から私は「燃料の一滴は血の一滴」だということ、天候を馬鹿にしてはいけない、ということを身をもって教えられました。

スクランブルしても目標はソ連や中国機だけとは限りません。米軍機だったり、民間機だったり、中には何かがいるはずなのに「目標発見」出来ない不思議なこともあります。

冷戦当時は、ソ連の爆撃機などが沿海州の基地から超低高度で日本海を南下してきて、日本のとある攻撃目標が空対地ミサイルの射程圏に入ると、ミサイル模擬発射訓練を実施していたのですが、その時は発射後に急に機体を上昇させUターンして引き揚げるのです。これを「ポップ・アップ目標」というのですが、部下だったM1佐が小松基地勤務時代に、この目標にF4ファントム戦闘機でスクランブルした時の体験談をしてくれたことがあります。

〝アンノウン（彼我《ひが》不明機）〟は超低空で侵入するので、レーダーサイトも見失うことがあったのですが、そうなるとスクランブルしても目標に接近出来ないので、進出中止になって帰投したり、あるいはレーダーが見失った地点まで進出して確認する以外にはありません。しかし、ソ連機は、ポップ・アップ後帰投のために高度を上げる必要があるので、レーダーに映らないはずはまず〝絶対に〟あり得ません。

しかし彼の時は地上レーダーにも、現場に進出した彼の機上レーダーにも何も映らなかった

当時能登半島沖にＡＳ-6ミサイルを搭載して接近して来たＴＵ-16とバックファイア（弾頭は核と通常型の共用）

といいます。もちろん目視発見も出来ません。

彼は「あれも不思議な現象です。レーダーサイトやファントムのレーダーでも捉えられない本物の〝アンノウン〟は、ＵＦＯの可能性もあるのでは」と語ってくれたのですが、時たまあるこの不思議な現象の真相とはいったい何なのか？　今でも不思議に思います。

ＵＦＯに関しては、『自衛隊パイロット達が接近遭遇したＵＦＯ』（講談社）に詳しく書きましたから、興味がある方はご覧ください。

⑶バーティゴ（空間識失調）体験

冬場、編隊長になって同期のＴ２尉と訓練中、スノーシャワー（吹雪）で飛行場の天候が急変したため訓練中止になり、「コールオフ」がかかった時のことです。

指揮所からは全機ＧＣＡ（地上誘導レーダー）の誘導下で着陸せよ、と指示されましたが、訓練機が多く、残燃料もまちまちであったため着陸順で揉《も》め始めました。

その上、悪いことに興奮した管制官の声が「数オクターブ」上がっていましたから、飛んでいる方も落ち着きを失い始めていたのです。

燃料に余裕があった我々は雲上２万フィートで無線標識を中心に待機していたのですが、５分間隔で流れ去る雪雲の柱の間から時々滑走路が見えるのです。

西側の雲はそれほど大きなものではありませんから、私の勘では後20分もすれば天気は回復すると判断し、いざとなったら例の〝石山方式〟で急降下着陸してやろう、と「高みの見物」を決め込んでいました。ところが指揮所から順番だから降りるように指示されたのです。東側の豊後水道には、流れていった雪雲が壁のように立ちはだかっており、その中に「わざわざ」突入するのだからいい気分はしません。しかし「命令」だから仕方なく、T2尉を右側に付けると、その中に突っ込みました。

GCA管制官の声はまだ興奮しています。降下するに従って一面の雲の中に雪の柱が林立していて視界は極めて悪く、その上誘導中の編隊が多いから頻繁《ひんぱん》に周波数を変更させられるのです。86Fの無線機は右コンソール上にありますから、そのつど右手で操作しなければなりません。これを雲（雪）中でやるのだから大変です。2番機にチャネル変更を指示してふと見ると、なんと彼は右に45度以上傾き、私に「腹」を見せた格好で付いているではありませんか。大きく突き出た左主翼と胴体が交差する付近にかすかにキャノピーが見えていて、そこにT2尉の必死な顔がありました。

「T、バンクを取るな！　しっかり付け」と言うのですが、彼は時々のめっては胴体下のポジションライトで私を照らします。濃密な雪柱を抜けてやや視界が広がると彼は慌てて修正して正規の位置に付くのですが、吹雪の中に突入すると再び大きくバンクを取ります。危険でしたが彼を見ていると私まで変になってきます。

着陸後「何をしていたんだ！」と問うと、「あんたの方がバンクを取っているように見えたんだ」というのです。完全な「バーティゴ（空間識失調）」でした。

その後、百里でF15が「バーティゴ」で墜落して注目されるようになりましたが、レーダーもなく航法装置も旧式だった86Fの頃には、相手を信じるか計器を信じる以外に解決策はなかったのです。

この後T2尉はしばらく両足がこわ張った……といいますから、バーティゴ中のバンクは60度以上あったのかもしれません。彼は無意識のうちに「ラダー」を踏み込んで懸命に編隊を組んでいたのでしょう。

(4)運命のいたずらか

昭和四十四年五月十一日、この日山陰地方の美保基地へ祝賀飛行を命ぜられた我が飛行隊の4機が、編隊を組んで雲中を降下中、島根半島の山腹に激突して3機が墜落するという、大事故が起きました。

当初、共に新婚半年目の重松2尉が3番機、私が4番機で飛ぶ予定だったのですが、急遽《きゅうきょ》スケジュールの都合上、私が若いM3尉と交替させられ、これが運命の分かれ道になりました。

延命地蔵尊

重松2尉が私の代わりに4番機の位置に移動させられて、帰らぬ人になったのです。せめてもの救いは、私の代わりに飛んだM3尉が、主翼を大破しながらも生還したことでした。

これは飛行を命じた上級指揮官達の天候判断が甘かった結果だったのですが、以来私はこの日を自分の「命日」に決めました。この悲劇については、『超科学現象』（青林堂）に記述してありますが、編隊長の小口3佐は、一男一女の父親、享年32歳、2番機の高村3尉は24歳の独身、重松2尉は新婚半年で逝《い》ってしまったのです。

ただ一人生還したM3尉は、しばらくT33の教官をしていましたが、その後癌を発病して彼等を追うように逝ってしまいました。事故現場になった島根県平田市の久多見町では、ありがたいことに有志の方々が「延命地蔵尊」を建立《こんりゅう》してくださり、今でも五月十一日には、航空自衛隊美保基地と築城基地から関係者が集合して、慰霊祭を続けてくれています。

(5)平面フラットスピンから脱出、生還

十二月十三日、第6飛行隊でF3尉と服部2尉が空中接触して2機とも墜落しましたが、幸

運にも二人とも生還したことがありました。

事故の概要は、2対2の空中戦でシザース（鋏《はさみ》のように互いにクロスする）状態になった時、エレメントリーダー資格審査受験中であった3番機のF3尉が、敵編隊長攻撃に夢中になりすぎて2番機を見失ったため、1番機に追随《ついずい》していた2番機と接触したものです。

F3尉は激しい錐もみ状態から辛うじて脱出して陸地に降下、機体は海岸に墜落して大破しましたが、右水平尾翼を失った2番機は背面フラットスピンに陥ったのです。

通常、この状態からの生還は望めないとされていました。しかし、服部省吾2尉はコックピットの中で緩んだベルトで逆さづりになりながらも冷静に計器類を判読して状況を判断、概《おおむ》ねスピンの3旋転周期でGが弱まることを発見します。

そして極力頭を低くする姿勢を取るため、計器盤の右上にあるキャノピーだけ射出する「オルターネイトジェッションハンドル」を使ってキャノピーを飛ばしたのです。

これは、86Fのキャノピーはスライド式で、設計上フレームの高さがちょうどパイロットの「額」の辺りになり、通常でもキャノピーを開閉するたびにパイロットは頭を下げて「フレーム」をやり過ごさなければならなかったのですから、さかさまになった服部2尉が慌ててそのまま脱出していれば、恐らく後退してきたキャノピーフレームで頭を吹き飛ばされ即死していたでしょう。

座席の「射出ハンドル」ではなく、「オルタネートハンドル」をわざわざ作動させた意味はそこにあります。

キャノピーだけ射出した後に、再びGで体の動きを封じられた彼は次の3旋転目を待ち、Gが緩むやすかさず姿勢を正して、今度は正規に座席の「射出ハンドル」を引いて脱出し、見事に生還を果たしたのです。

激しい旋転と振動を伴いつつ落下する、しかも上下さかさま状態のコックピット内で、パニックに陥ることなく冷静に状況を判断して対策を立て、旋転の〝癖〟を掴《つか》んで脱出に成功した服部2尉の行動は称賛されましたが、ベテランでもなかなか出来ない行動だったでしょう。

ここではこの事故にまつわる〝内緒〟の話を三つだけ紹介しておこうと思います。

①事故発生を知らせるサイレンを聞いた、パイロットが纏《まと》まって住んでいる築城町内の原田官舎では、夫の身を案じる妻達が〝不幸な知らせ〟が「自分に」届くのを恐れていたのですが、服部夫人の前に現れたのが同期生のA2尉でした。ジープが自宅前に止まった時の服部夫人の心境は察するに余りあります。ところがA2尉は玄関を開けるや「奥さん、服部が落ちましたよ！」と言ったからたまりません。

〝目の前が真っ暗になった〟夫人が玄関にしゃがみ込むと、A2尉は「奥さん、服部は死んでません。海に落ちて濡れたので着替えをください」と言ったのです。

後で「隊長から、『貴様、何でそれを先に言わなかったのか！』とエラク怒られたよ」と、A2尉は独特の笑い声をあげながら私に教えてくれたものです。

②落下傘降下した服部2尉は、大分県鶴見崎の沖合洋上に着水して漁船に救助されたのですが、あまりにも寒いので機関室に入って暖を取っていました。

ちょうど訓練中であった新田原救難隊のヘリが駆け付けて、漁船上空にホバリングしているのになかなか甲板に出て来ません。やっと出て来たと思ったら漁船員達と何か話し合っていて救出に「応じてくれない」のです。

ヘリは燃料が少なく行動半径ぎりぎりだったので、速やかに新田原基地に引き返さねばならなかったのですが、実はこの時、彼が身に付けていた「使用済み？　の救命装具を譲ってほしい」と漁船員達から懇願され「官品を無断で処分して良いものかどうか」迷っていたのでした。

③防大時代の私の専攻は「航空工学」でしたから、服部2尉が体験した背面フラットスピンの旋転周期に非常な興味を持ち、ただちに防大航空工学教室の、私の主任教官であった村山尭教授に手紙を書いたところ、同じ航空工学出身の服部2尉にも問い合わせがきたそうです。これが機縁で防大実験室にスピンを研究するための「垂直風洞《ふうどう》」が建設されましたが、事故が起きて初めて「防止策」が生まれるという例でしょう。

「完成したのでぜひ見に来なさい。面白い研究が出来そうだ」と村山教授に誘われながら、ついに見学する機会はありませんでした。

(6) 空中射撃標的の開発

空中射撃大会は、T33、または86Fがバンナーターゲットというナイロン製の〝ゴザ〟のような標的を180ノットで曳航《えいこう》し、それを4機編隊が順に襲いかかって射撃するのが定番でしたが、今回は86Fが引っ張る高速旋回ターゲットを射撃することとされました。

通常のバンナーターゲットの長さを半分に切断してこれを86Fが250ノットで曳航し、射撃開始と共に30度バンクで右旋回を開始するのです。

曳航実験をしてみると、旋回と共にトウバー下部の重しに遠心力がかかるのでターゲットも内側に傾くから射撃しづらい、ということが分かりました。

この問題を知ると事故で沈んでいた飛行隊には本来のパイロットらしさが戻り、邪念を捨ててターゲットを垂直に立てる研究が始まりました。

そこで事故後に着任した新隊長は、「今年度2／4半期の訓練重点目標はAAG（空対空射撃）である。改善提案を受け付けるから、書類にして提出せよ」と指示しました。

その頃我が飛行隊には戦闘機課程を卒業したS2尉がTR訓練中でしたが、彼は少々理屈っぽいので隊内で浮いておりTR係の私は心配していました。（図1参照）

S2尉は私と同じ防大航空工学出身だったので、バンナーターゲットが傾かないような装置

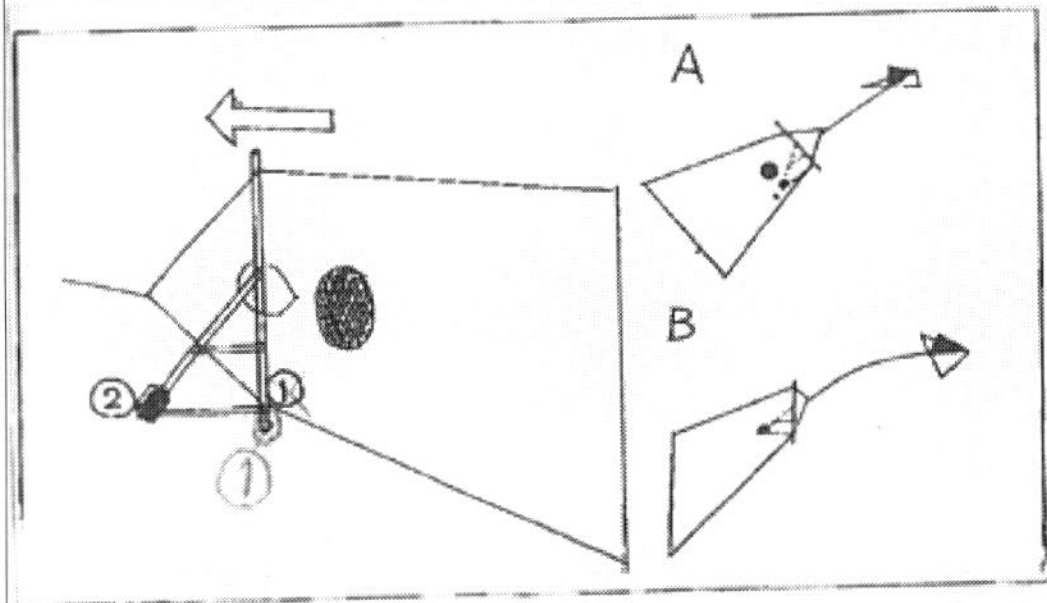

図3　飛行隊が"開発した作品"。通常Ⓣにある重りを棹を溶接して②につけ右旋回するとBの様に標的が垂直に立つ

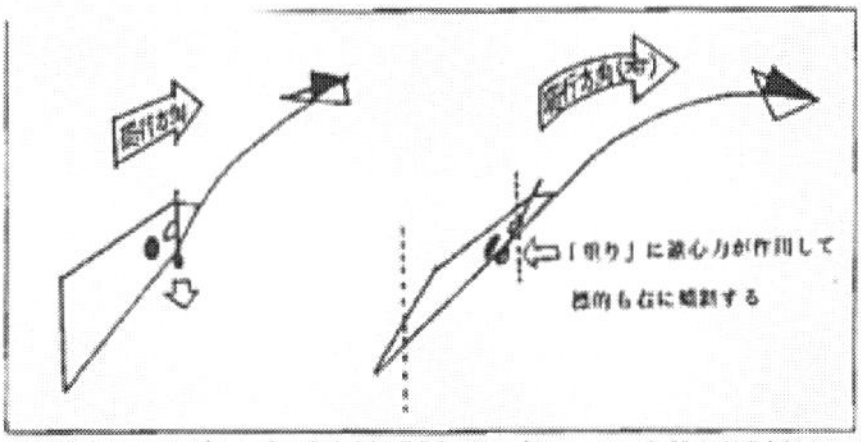

図1　通常の水平直線飛行　30度バンク右旋回飛行

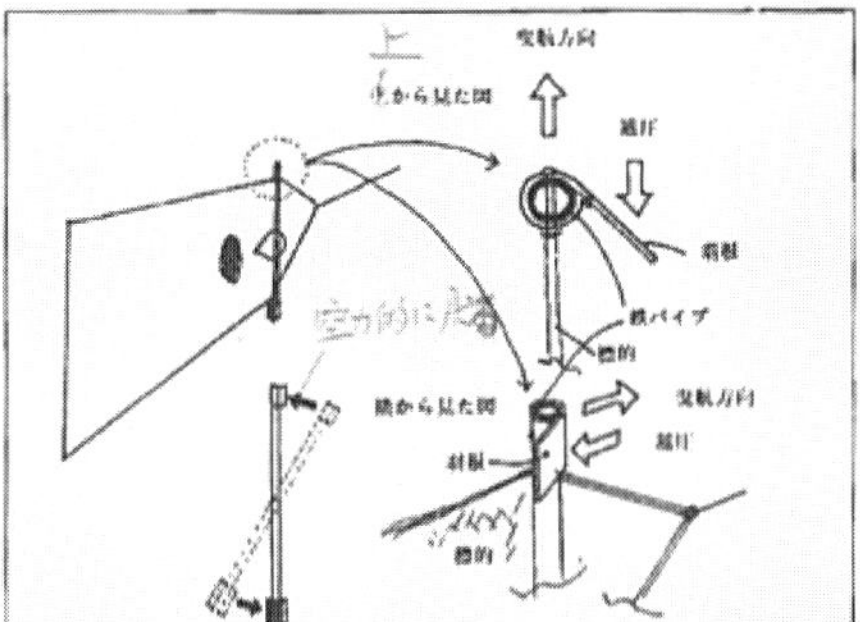

図2　鉄パイプにジュラルミン製の羽根を取り付ける

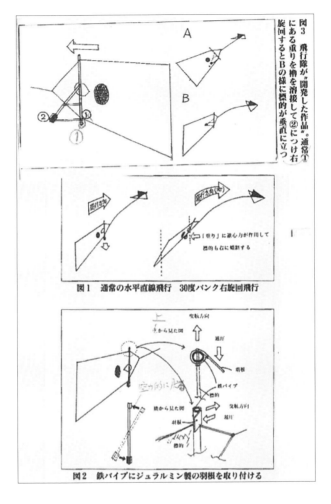

を開発するように彼に命じたのです。
私の考えは「ターゲットのトウバーの上に5㎝×10㎝くらいのジュラルミンの羽根を角度を付けて取り付ければ解決出来る」というものでしたが、頑固な彼はなかなか理解してくれませんでした。(図2参照)
「これでは教官パイロットから苛《いじ》められるわけだ」と思いましたが、ある日、パイロットのほぼ全員の意見で開発された「トウバーの重しの位置を変えて重心を移動した作品」のテスト飛行が始まりました。ところが、修理隊員が「やぐら」を溶接して作成した「新トウバー」に取り付けられたバンナーターゲットは、滑走路から浮揚した瞬間バランスが崩れて重しが滑走路に接触し、「やぐら」は瞬時にバラバラに分解してしまい、上空には重しを失ったバンナーターゲットがヒラヒラと舞い上がるという失敗に終わったのです。(図3参照)
これを見たS2尉は突然「先輩の計画を実行に移します」と言い、ただちに設計に取り掛かりました。私は防大航空工学教室から入手していた「パイプ」の空気抵抗値にかかわるデーターを彼に渡し、ジュラルミンの羽根をトウバーに取り付ける角度は、安全係数を掛けて小さいアングルからテストすること、トウバーに取り付けた時に羽根の影響でトウバー自体が回転することのないようにケーブル取り付け位置を考慮するよう指示しました。
彼は自習室で手回しの計算機を使ってしきりに計算していましたが、私の予想通り約5㎝×

12㎝の羽根をトウバー上部に約25度の角度で取り付ければ、250ノットの機速に達した時に30度バンクで旋回する遠心力で、旋回外側に振れようとする重しの力を打ち消してターゲットを垂直に保つことが出来る、という結論に達したのです。

この結果を全員の前で発表させたのですが誰も信じませんでした。実行あるのみ、ただちに修理隊で羽根を製作させ装備隊でトウバーに取り付けさせたのですが、前回鉄パイプを複雑に溶接した「新トウバー」を知っている彼等ですから「こんなもので成功するわけがない」と小馬鹿にしていました。そこで私は彼等に「T33の左エルロンについているトリムを見てみろ。あんな小さなタブでT33の機体がロールを打つのだ」と言ったのです。

実験は大成功でした。チェイス機が上空から「立った、立った！」と報告してきた時には飛行隊の全員も椅子から「立ちあがった」のです。

射撃大会で我が飛行隊は優秀な成績を収めた上、この羽根の開発で総隊司令官から特に「賛辞」の言葉を受けましたから、S2尉は「航空工学の専門家」として一目置かれたのは言うまでもありません！

しかし、その後視力障害のためパイロットを断念して退官していったのは残念でした。

第4章

戦闘機操縦教官を命ぜられて

1、戦闘機操縦教育（86F：浜松）

(1)戦闘機操縦教官〝教育〟

昭和四十五年三月、私は戦闘機操縦教官を命ぜられ浜松基地に戻りました。

教官になるための「教官課程教育」は非常に厳しく、「戦闘機操縦教官たるものは、学生の10倍努力して技量を磨き、あらゆる緊急事態に対処出来なければならない」というのが、我々の主任教官・森敏1尉の指導方針でしたから、上空で森1尉演じる「模擬学生」が引き起こす緊急状態は真に迫っていて、最初は本物か！　と間違うほどでした。

学生が犯しやすい行動、例えば接近してきて速度を処理出来ず、衝突されそうになる場面や、ラジオアウト（無線機故障）でこちらの指示が届かない状況など、〝学校教育〟では体験出来ない〝演技〟が次々に展開されるので、瞬間に判断して処置する困難さを味わいましたが、特に困難を覚えたのは「意思の疎通法」でした。

86Fは単座機であるため、学生は最初から一人で飛行します。その学生を指導するのはUHF（無線通信）しかありません。万一の場合に備えて、機体信号や手信号も定めてありますが、学生は86Fに不慣れですから意思の疎通に時間がかかりますし、また確実に伝わっているという保証もないのです。

万一教官の指示を「誤解」されようものなら事故につながりかねません。ところがその唯一の意思疎通手段である「無線」も、実は案外意思の伝達に難しいところがあることが分かったのです。まず使用する「用語」です。

前に「アシ（脚）を上げろ！」と指示したところ、学生はコックピットの中で自分の「足」を上げていたという笑い話を紹介しましたが、努めて間違いにくい用語を選び、しかも短節にかつ明瞭に発音する必要があります。簡単そうですが酸素マスクを付けているから案外難しいのです。我々空中勤務者は、ゆっくり思考をめぐらしながら文章を練り上げて「名文」を書き、それを読み上げることが出来る地上勤務者とは立場が全く違うのです。

例えば教官が「ライトターン（右旋回）」を指示する場合、言葉の強弱によって学生に操縦桿を「適切」に操作させなければならないことがあります。通常は「はい、そこでライトターンして」と〝優しく〟指示すればいいのですが、緊急時には単に「ライトターン！」と強く、かつ1オクターブ高く発しなければ、学生に速やかに教官の「意図通りの操作」をさせることは出来ません。学生は、教官がイメージする同じ〝画像〟をなかなか頭の中に描いてくれないのです。

単座機ですから意思疎通の方法、特に「状況に応じた適切な用語」をどう発するか。戦闘機操縦教官課程においては、学生を殺さないための自らの操縦技量向上は元より、むしろ日本語の難しさに悩むことが多く、意思疎通というものがいかに難しいものか、学生時代には想像もしなかった教える側の困難さを痛感したのでした。

⑵頭号飛行隊としての誇り

戦闘機操縦教官課程の訓練は六月一日に無事終了しましたが、航空総隊を含む86F部隊の中で、第1という最初の番号が付いた〝頭号〟飛行隊である最も伝統のある第1飛行隊の訓練は極めて充実していました。特に教官同士で行う訓練は実戦的で、その根底には米空軍が朝鮮戦争の教訓から得た〝バイブル〟「No guts No glory」の精神を受け継いでいたように思います。この言葉は第1飛行隊が受け持っていたファイター・ウェポン・コース（FW）の合い言葉にもなっていましたから、当時の我々〝86野郎〟の精神的基盤を構成していたと言っても過言ではありません。このFWの研究成果が全国の戦闘航空団の86部隊に伝えられるのですから、第1飛行隊こそは全国の86部隊から一目置かれた戦闘機部隊の牽引役《けんいんやく》だという揺るぎない自信があったのです。

従ってその構成員である者は全てにおいて優れた識能を持たねばなりませんでしたが、事実、航空総隊の射撃大会に「オブザーバー」として参加していた当時の成果は常に桁《けた》違いの成績でした。

空中戦訓練（ＡＣＭ）もあの頃すでに第１飛行隊はＤＡＣＴ（異機種戦闘）をやっていました。もちろん86部隊である第10飛行隊時代も、時折新田原のＦ１０４とＡＣＭの研究をしていましたが、第１飛行隊ではＦＷの研究に合わせてＴ33との各種格闘戦を実施していたのです。

ある日、我々教官が操縦するＴ33×２対ＦＷ学生の86Ｆ×４のＡＣＭでのこと、戦闘が始まるや後席に陣取った中原虎彦２尉が「ちょっと後ろを見て指示するからその指示通り思い切りラダーを蹴飛ばして」と言います。そして「ベイルアウトする時は教えてね」と言ったのでバックミラーを見ると、なんと彼はシートベルトとパラシュートを外し、座席を抱いた格好で後ろを見張っているではありませんか。そして86Ｆが襲いかかってくると「右っ！　左っ！」と急旋回を指示するのです。その声に合わせて私はラダーをいっ

「１」の字と密集隊形を組む86Ｆ

ぱい蹴飛ばしますから、襲いかかってきた86Fは一撃離脱して再度後方に回り込もうとするのですが、その繰り返しでなかなか勝負が付きません。たまに若い学生が格闘戦を挑んでくるとしめたもので、旋回半径の小さいT33が有利になります。そこで86Fの後方に回り込み、グリス鉛筆で描いた手製の照準器（T33には照準器は付いていません）に捉えて無線で「ダダダッ」と発声して射撃したことにするのです。

GスーツがA着用出来ないT33でACMをやるのは辛いものでしたが、座席にしがみついて後ろを見張っていた中原2尉の方はもっと辛かったことでしょう。その後T33に乗り込む方もGスーツだけは着用するようになったのですが……。

(3)天竜川〝上り〟

私が好きだったのは、敵のレーダー網や対空射撃の火網《かもう》を避けて超低空で谷間を這《は》う、通称「天竜上り」または「ウグイスの谷渡り」と呼ばれた実戦的な低高度航法訓練でした。しかし、この訓練で冷や汗をかいたことがあります。

この航法訓練は読んで字の如《ごと》く、離陸後天竜川に沿って天竜市から佐久間町まで北上し、ここで水窪川《みさくぼがわ》沿いに対地1000フィートでさらに北上します。長野県に入ると南アルプスの西側の窪地を高遠町《たかとうまち》から、現在はちょうど中央自動車道の諏訪ICが出来ている茅野《ちの》市の手前まで北上し、甲州街道上に飛び抜けた時に一瞬機体を暴露《ばくろ》しますが、さらに諏訪《すわ》湖を左手に見て西に変針、再び中央本線の谷間に潜り南西進し、木曽福島から目標の中津川を通過して帰投するのです。

訓練当初、小野寺康充2尉がリーダーで私がファイティングポジションに付いて飛行した時のこと、彼の飛行ぶりは実にダイナミックで、両側が切り立った崖が続く船明ダム付近の谷間は、90度バンクの切り返しの連続になりました。彼は「崖と機体の腹の間隔を推測するのではなく、キャノピーの上に見える崖と垂直尾翼との位置関係を計りながら切り返せ」と言いながら飛行しているのですが、Gがかかっているせいか聞き取りづらい時があり、前方で彼が何か指示して急旋回したのですが、機体が崖に隠れたので聞き取れず、彼に続いて崖を回り込んだ私は前方を見て驚愕《きょうがく》しました。目の前に秋葉《あきば》ダムの壁が立ちはだかっているではありませんか！　そしてはるか上を上昇中の1番機を見つけました。スロットルレバーを前方いっぱいに押して、まるでコンクリートの壁を這い上がるような気分で上昇し、辛うじてダムの上部をクリアーした時は速度が200ノット、脇の下には冷や汗が吹き出していました。アフターバーナーが欲しい！　とこの時ほど思ったことはありません。

今でもあの時、眼下の機体すれすれに広がった秋葉ダムの〝水面〞が目に浮かびます。

着陸後、あの時の指示を確認すると、「プッシュアップ（増速せよ）！　と言って上昇を指

サヨナラ写真（高倉清雄・写真集から）

示したんだが、聞こえなかった？」とのこと。地形を立体的に頭の中に叩き込んで飛行することと、状況から判断して指示の内容をただちに理解出来るように訓練しておくことがいかに大切かを思い知らされたのでした。

因《ちな》みに当時の教官練成訓練では、このコースと木曽御嶽山コースを飛んだ編隊との間で、双方の目標を「妻籠の宿」として会敵時刻を定め、目視発見法で空中戦をやった後帰投していたものですが、そんな原始的な戦闘訓練などは、航法装置やレーダーなどが発達した現在では信じてもらえないことでしょう。

この頃開かれた万国博覧会の会場上空に、三月の開会式で「ＥＸＰＯ'70」の文字を描いた戦技研究班は、六月の閉会式に「サヨナラ」の文字を展示することになり、基地上空で訓練を開始していました。

これを見上げる浜松市民の中にはかなり「目の肥えた人」がいて、電話でわざわざ「講評」してくる人もいたくらい基地上空に描き出される「文字」は、遠州地方の風物となっていたものです。

(4) 夏季操縦者保命講習に参加

七月に、私は芦屋基地における操縦者保命講習に参加を命ぜられました。この訓練は講習者がヘリコプターから海上に飛び降りた時、高度が高かったために墜落死した直後であったため万事慎重なところはありましたが、それでもかなり厳しい訓練でした。

落下傘降下して着水したらただちにパラシュートを離脱しなければ、水上スキーのように引きずられて水死する危険性があります。そこで速やかに離脱しようとして落下傘体についている茄子鐶《なすかん》をまさぐると、地上で練習した位置とずれています。ようやく探り当てて操作しようとすると、今度は濡れた革の飛行手袋がヌルヌルして力が入りません。濡れた飛行服の重さもさることながら、引きずられながら被る海水で呼吸が整えられないのです。ここで「パニック状態」になるとこの世との別れになります。

夏場でさえもこうなのですから、真冬の北海道だったら指は凍《こご》え、体は衰弱してどうなることだろうと思われます。

私はこの訓練で、机上《きじょう》の空論よりも体を使った「実戦的な訓練」がいかに重要であるかを思い知らされました。「設想《せっそう》」だとか「……としたものとする」という身勝手な「机上の空論」には、大きな落とし穴が潜んでいることを体感したのです。つまり、普段楽な訓練をしていると、現実の役に立たないことがあるということです。

さて、私はそれまで、比較的船酔いには強いという自信を持っていたのですが、最後の一人乗り救命ボートでの長時間にわたる漂流訓練で思わぬ苦しみを味わうことになりました。私の漂流地点は玄海灘の一番沖側でしたが、キス釣りの絶好のポイントだという教官の言葉を信じて、一人シートを被りその中から釣糸を垂らして漂流し、ひたすら訓練終了時刻が来るのを待っていたのですが、急にボートが大きく揺れ始めたのです。シートを捲《まく》って外を見ると、なんと恐ろしく沖合の航路に流されていて、大型船がそばを通過していくじゃありませんか。訓練の監視船が近付いてきて教官が何か言っているのですが聞き取れません。ボートを点検して驚きました。繋いでいたシーアンカーがないのです。だから沖に流されたのですが、ボートは上下左右に揺れるばかりか、くるくると勢いよく回転し始めて釣りどころではなく、急に気分が悪くなってきました。

この日は訓練の最後の日ということもあって、荒井勇次郎13教団司令が坐乗した監視艇が私に張り付いています。

その上悪いことに「夏に拾う」という番組作成のため、航空自衛隊のパイロットのサバイバル訓練風景を取材中のNHK撮影班がこの監視艇に乗り組んでいましたから、カメラをこちらに向けているのです。格好を付けて手を振った途端おう吐《と》しました。

一度おう吐し始めると次々に吐き気を催《もよお》して、とうとう胃の中に何もなくなったらしく、薄緑色の胃液が出てきます。カメラがこちらを向くたびに「格好」を付けていたのですが、ついにボートの外に顔を出して俯いたまま呻吟《しんぎん》する羽目になりました。この時の苦しさは一生忘れないでしょう。

あまりに沖合に出てしまったため、私が一番最初にヘリコプターに「救助」されたのは良かったのですが、砂浜に降りる時に早く地上に降りようとしてボイヤント（吊り具）を一度接地させて静電気を放電するのを忘れたからたまりません。「ドン」というショックと共に残り少ない髪の毛が総毛立ち、地上の隊員達を脅《おど》かしたのです。幸いなことに浜松に帰ってから見たNHKテレビには、私が悪戦苦闘している場面はカットされていました。

ところでこの年は成田の一坪闘争に見られるような騒然とした社会情勢で、三月三十一日に福岡空港で日航機よど号を赤軍派と名乗る九人組が乗っ取って北朝鮮に「亡命」するハイジャック事件が起きました。ところが八月十九日の夕方に、浜松基地にも天から「ハイジャック事件」が降って湧いたのです。

私はその日予定されていた夜間飛行訓練のMOB勤務でしたが、全日空のボーイング727が東側から着陸してきて、滑走路を南基地側に開放すると停止しました。何が起きたのか分かりませんでしたが、ハイジャック事件だったのです。

やがて滑走路閉鎖のために小松基地を緊急発進した86Fが2機着陸して滑走路上に停止して障害にするなど、飛行場地区は緊迫した空気に包まれ、田代団司令は勇敢にも自ら操縦席の真下にジープで駆け付けてコックピット内の機長や「犯人」と直接交渉する等大活躍、そこに静岡県警本部長が駆け付けてきて大捕り物になりましたが、犯人は赤軍派ではなく、狂言強盗だと判明してあっけなく幕となったのです。しかし、お陰でこの日予定されていた学生の夜間飛行訓練は中止になるなど大迷惑でした。

(5)間一髪、正面衝突を回避！

その頃の航空自衛隊は、複座である次期主力戦闘機F4ファントム配備に伴って操縦者養成量を大幅に増加させていました。しかし訓練空域等の制約上から浜松だけでは対応出来ないので、松島基地にFC教育部隊を新設してこれを「第1航空団松島派遣隊」と称する変則的な組織を作りました。従って第1飛行隊でも五月初旬に33教育飛行隊を卒業して着隊したコースから、単独飛行が終わった時点で数名ずつ松島に転属させるという極めて繁雑な教育業務を実施中でした。

そんな最中《さなか》の七月に飛行教育集団司令官が交代し、1空団司令、飛行群司令が同時に交代する人事が発表されたのです。「人事異動（指揮官交替）期には事故が起きる」とはよく言われるジンクスですが、七月三十日にその恐れていた大事故が松島派遣隊で発生してしまいました。かいつまんで言うと、昭和四十六年七月三十日午後二時すぎ、岩手県盛岡市の西側にある雫石町付近の上空で、全日空機が86Fに追突し、乗員乗客百六十二名が死亡した事件ですが、詳しくは『自衛隊の〝犯罪〟～雫石事件の真相』（青林堂）に書きましたから興味ある方はご覧ください。

二か月間飛行停止になりましたが、訓練再開後、33飛行隊は教育訓練検閲《けんえつ》を受閲中でした。学生を卒業させて訓練から解放された私は、年間飛行（技量保持訓練）に来た集団司令部のM2佐が、T33の後席で幌を被って実施する計器飛行訓練に付き合っていました。

M2佐は浜松タカンの北15マイルに設定されたIAFを中心にフタマタ・アプローチを実施中でした。進入許可が来て降下を開始して間もなく前席で見張りをしていた私の目に、フレーム（窓枠）とバックミラーの間に「尺取り虫」のような紐《ひも》状のものがチラッと写ったので頭を動かして確認して驚きました。T33の4機編隊が真正面にいるのです！

一瞬飛行方向を確認しましたが間違いなく上昇接近して来ています。その瞬間、私は無意識に操縦桿を取ると力いっぱい前方に突きました。後席で「ギャー」という声がしましたが、構わず私は操縦桿を押し続けました。私の目は1本の棒のような4機のT33に釘付けになっていましが、その間の機首が下がるのがなんと遅く感じられたことか。棒がフワッと四方に膨《ふく》れるのが見えた瞬間、「ガーッ」という異音と共に1機が右翼端すれすれを交差しました。双方のT33の右チップタンクが「がきっ」と音を立てて食い込むような感じがしましたが、相手の右翼下面の日の丸がわずかに見えたので相手機の下を通過出来ると判断しました。

T33の胴体の日の丸がこんなに鮮やかだとは思いませんでした。キャノピーの中の2個のへルメットがこちらを見ていましたが、バイザー（日よけ）で顔は見えなかったので向こうも私の顔は見えなかったことでしょう。この間かなり長く感じられましたが一瞬の出来事でした。態勢を立て直して「ユーハブ」と後席に声を掛けると、M2佐は「待て待て、ファシリティチャート（航空路図誌）やメモが全部散乱してしまったから……」と言い、しばらくして「OK、アイハブ」と操縦を代わるや「おい佐藤、何があったんだ？」と聞きます。幌を被っていたから外は見えなかったのです。状況を説明するとM2佐は「じゃ、危うく1佐に特別昇任するところだったのか。惜しかったなあ……」と何事もなかったように操縦を続けたのでした。

雫石事件の判決文には「……全日空機操縦者が自衛隊機を視認していても、なお僅かの差で接触を免れ得るとの判断のもとに、敢えて接触直前まで回避操作を取らない事があり得るという事も、あながち理解出来ない事柄ではない。…」と書かれていますが、私には全く理解出来ません。

着陸して「異常接近レポート」を書くため33飛行隊に調整に行くと「貴様かっ！　どこを見て飛んでいるんだ！」と先輩に怒られましたが「こちらの目玉は2個、そちらは4機で16個ですね」と言ったら皆から黙って睨《にら》まれました。放心状態のようでした。

私のそれまでの見張り要領は、時計回り方向に定期的に目と頭を動かしていたのですが、これ以降はバックミラーやジャイロコンパス等、視界を遮《さえぎ》るものがある場合には必ずその背後も確認することにしたのでした。

(6) 異常接近？

異常接近事象はパイロットの経験によって「接近」感覚は大きく変わるものです。私達のように、戦闘機で空中格闘戦を常時やっている者にとってみれば接近戦に慣れていますから、よほどのことがない限り、〝異常〟接近とは思いません。

しかし民間機操縦者は、ほとんど単機で自由に飛んでいますから、ひどい場合には、窓の外に機影が見えただけで「異常接近！」と大騒ぎする人もいるようです。

我々戦闘機教官同士の空中戦は凄まじく、不利になったと判断した方は太陽目掛けて上昇し、失速寸前に反転する「ハンマーターン」をやって反撃することが多かったので、後方から追撃する方はそれを予期して接近するものの、相手が太陽に入るのでどうしても見失いやすいのです。相手を見失うと次の瞬間頭上から降下した敵は、ちょうど「チキンゲーム」のように前方から対進して一撃離脱するから危険です。

これらは意識して操縦しているので異常接近ではないのですが、今回の私の体験は間違いなく〝それ〟に当たります。ましてや33飛行隊の場合は4機編隊の教育検閲受閲中で空中戦の心構えはなかったのですから、事後放心状態だったとしても無理からぬことでしょう。

ところでこのM2佐には面白いエピソードがありました。当時のパイロット仲間は知っていたことですから公表しても構わないでしょう。

ある日ある時、M2佐（当時の二人の階級は知りませんが……）は、T33でK2佐とペアーで飛んでいた時、基地近傍の海岸に墜落したのですが、ベイルアウトに成功して着水したものの、M2佐のディンギー（一人乗り浮舟）は開かなかったのです。

水泳の苦手なM2佐はディンギーに乗って漂流しているK2佐に「乗せてくれる」ように懇願しましたが、K2佐は「二人が乗ると沈む」という理由でこれを拒否、近寄せなかったそうです。

ところがついに力尽きたM2佐の体が棒立ちになって沈み始めると、なんと！　足が海底に着いたというのです。現場は遠浅の海岸だったから初めから水深は人の背丈くらいしかなかったのですが、二人はそれに気付かず必死だったのです。こんな過去を持つ二人でしたから、飛行隊で顔を合わせるたびに、M2佐が「あの時にKの奴の本音が分かった。同期といえども信用するなよ」と我々に言えば、「何をいうか。二人とも死んでしまえば事故原因が分からなくなる。一人だけでも助かって報告するのが国のためだろう。そうだろう？」とK2佐が言い返します。誰もが二人の友情には亀裂が入っていると思うでしょうが、二人にはその気配もなく揃って楽しそうに飛び続けていました。

私達のような〝飛行機野郎〟には二人の心情は十分理解出来るのですが、そうでない、例えば新聞記者が二人の会話を聞くと「憎しみに燃えた口論」だと記事に書くに違いありません！

(7)ブルー機墜落とT2試作機生還！

十一月六日土曜日の午後、部隊に居残っていたところ、突然、入間基地から浜松に帰投中であったブルーインパルスの3番機、金子豊顕2尉機が入間川に墜落したと通報がありました。私はただちにT33を準備させ、整備主任を乗せて入間に急行しました。

事故の概要は、一二二〇に入間を離陸したブルーインパルスの86Fのエンジンが停止、再始動を試みたのですが不可能だったので、地上の被害を避けるため金子2尉は入間川に機首を向け、高圧線を避けて脱出ぎりぎりの計器高度700（約200m）フィート（入間基地の標高は295フィート＝約90m）まで粘って脱出、地表約4mで開傘《かいさん》して間一髪生還したものです。

86ブルーのソロ機：高度10m時速900㎞（高倉清雄写真集から）

彼は、最低安全高度を切って脱出したため落下傘が開かないままどんどん落下します。下を見ると、河原が近付き、転がっている石ころがどんどん大きく見え始めたので、あれで頭を打つ！　と思わず足を縮めたそうですが、その瞬間ドン！と落下傘が開き、次の瞬間足が河原に着地したといいます。まさに間一髪だったのです。

立ち上がって燃えている機体に近付くと、弾薬箱に押し込んでいたブレザーが見えたので引っ張りだしてポケットを探ると、5000円札が一枚出て来たそうで、思わず「儲けた！」と思ったそうです。上空を旋回しているリーダーに気が付き、座席の浮舟の救難キットから無線機を取り出すと、リーダーが「地上の被害状況を知らせよ」と言います。そこで周りを見ると、川の中を釣り人らしい人が数人、こちらに向かってきます。

気が付くとJ47エンジンが機体から飛び抜けて一直線に河原の土手に向かって突っ込んでいますから、彼もそこへ「怪我をした人はいませんか？」と叫びながら駆け出したそうですが、幸いなことに皆無事でした。

そこで「地上の被害はない模様」とリーダーに送信すると、リーダーは「モヨウとはなんだ！　確認セイッ！」とお冠《かんむり》だったといいます。

原因はエンジン駆動の燃料ポンプ用シャフトが切断したからで、日誌には金子2尉の冷静沈着さを褒める言葉と共に「……救命装備品の整備は極めて良好にして、あらゆるものが正確に作動せり。特にロケットシートカタパルト及びシートセパレーターの作動は今回の金子中尉を救いし最大のものなり……」と記しています。

この事故は当時「赤旗」紙までが称賛した「ウェルダン」の代表的事例であり、その後、T33が墜落して二人のパイロットが地上の被害を避けようとして最後まで努力し、ついに殉職した事故と大いに関連しています。

学生時代、守るべき国民を傷つけて生き延びても、生きる屍《しかばね》、いっそのこと突っ込んで死ね！　と指導されてきましたし、私もそう指導していたからです。

ですから当時の浜松基地では、毎朝の緊急手順確認で、学生に「離陸直後にエンジンが停止した状況」を示し、どうするかを詰問したものですが、西向きに離陸する時は浜名湖がありますから脱出は可能ですが、東向きに離陸する場合は人家が密集していますから、天竜川までたどり着けないと思った場合は、市民球場で野球の試合がない時はここに向けて垂直に突っ込み、そして運が良ければ脱出せよ、と指導していたものです。

ですから、入間で事故が起き、二人が殉職した時、私はそれを思い出して二人の冥福《めいふく》を祈ったものです。

運良く助かった例もあります。この年の十二月に幹部学校の指揮幕僚課程の試験があった時のことです。受験中に緊急事態発生のサイレンが鳴り響きました。本能的に学生ではないことを祈りましたが、この時は試験飛行中の岐阜基地所属のT2でした。

無事着陸したとの放送を聞いて安心しましたが、昼食時に幹部食堂で、空実団に転出した教官課程の教官だった森1尉と再会したのです。当該《とうがい》事故機のパイロットでした。「学生訓練を邪魔しに来ては困りますよ。しかもCSの試験中じゃないですか！」と冗談交じりに言うと、「済まん、済まん」と言うものの、ほとんど食事に手を付けていません。緊急事態の内容を聞いて驚きました。

大王崎南方洋上でT2の試験飛行中、フラッター（振動）が発生して座席がずれ、操縦困難になった上にエンジンまでが故障したというのです。

騙しだまし操縦してなんとか浜松基地までたどり着いたのですが、着陸寸前に推力が低下し滑走路西側の矢上のグラウンドに墜落しそうになったので、いちかばちか故障した両エンジンを最大出力にしたところ、瞬間推力が増して滑走路にたどり着いたというのです。

ＭＯＢにいた教官は、「アー墜ちたっ！　と思った瞬間、地面から湧き出すように柵を越えて飛び込んで来た」と言うのですから、まさに危機一髪でした。食事が進まないわけです。エンジンがボロボロになった機体は岐阜に地上輸送されることになったのですが、森1尉が洋上で脱出して機体が海没していれば、Ｔ2型機の開発は大幅に遅れていたことでしょう。さすがに元我《わ》が教官だと誇らしく思ったものです。

(8) 教育は真剣勝負＝他人の人生を左右する

隊長に代わってある学生の進度検定飛行を実施した時のことは忘れられません。彼はＡＣＭ（空中戦）で進歩がなくピンクカードが続いたのでとうとう検定飛行となったのですが、彼の飛行日誌を調べると自分がどんな態勢で機動しているかさっぱり理解していないように見受けられました。

担当教官はパイロット不適と進言しており、主任教官は私の判定に「お任せします」と言います。首にするのは簡単ですが、国費を使ってここまで育てたのですし、彼の人生がかかっています。さりとて温情をかけてＯＫにした結果、「殺す」ことになっても困るので苦労しました。

上空で2対2のＡＣＭを開始した時、私は彼の動き（判断）がよく掴めるようにと右後方に

学生訓練でＦ86Ｆに乗り込む私と出発を待つ私

ぴたりと付いて飛行したのですが、上空の「敵編隊」を追撃するパターンで、彼は闇雲《やみくも》に下方から突き上げる上昇姿勢を続けたため急激に減速し始めました。

私は「機首を落とせっ」と何度も指示するのですが「はいっ」と答えるもののさっぱり機首が下がらないのです。「ノーズを下げろっ」と言いつつ速度計を見ると、針が急激に半時計回りに回転して２００ノットを切りました。「機首を下げないか！」と怒鳴りましたが「はいっ」と言うだけ。

やがて私の操縦桿は操舵不能になり速度計が完全に「０」を指した途端、異様なバフェットと振動、それにコックピット内に「排気ガスとオイルが燃えたような煙」が充満したのです。学生機を見ると排気口からまるでブルーインパルスのスモークのように薄緑色の煙を引いています。そして突然ガクン！　と背面になり、大手を広げたような格好で背中から私の上に覆い被さってきました。

回避しようにも操縦桿を動かしても効き目はなく機体は動

きませんから回避のしようがなく、まるでプラモデルのような86Fがスローモーション映画のように被さってくるのを見つめるだけでした。ところがその時私の機首がガクンと下がって急降下を始めたのです。

垂直に落下し始めた機体は激しいバフェットと共に右旋転を開始し、私の体は脱水機の中の「靴下」のように左後方に押さえ付けられましたが、私は学生機が尾翼に接触する「衝撃」を覚悟しながら、意識は「とうとう学生を殺したか！　機体を壊すのか！」という後悔の念に囚《とら》われていました。落下開始から5秒と経っていなかったと思うのですが恐れていたショックは感じませんでした。

そうなると飛行機野郎は本能的に回復操作を開始するから不思議なものです。機体は激しいバフェットを伴いながら機首が垂直姿勢から60度くらいの角度を伴う「味噌掏り運動」を始め、はるか頭上を大王崎がレコード盤のように左に回転しています。徐々に旋転が早くなり高度計の針の動きが加速し始めたのですが、肝心の速度は70ノット付近でしたから、手の打ちようがありません。操舵翼が利かないからです。

この時私は築城基地で服部先輩が陥った背面フラットスピンを思い出していました。左ラダーをいっぱい踏み込んでみたら垂直尾翼に気流が当たる抵抗を感じました。

大王崎が3回ほど頭上を通過した頃、速度が欲しいので上がりかけた機首を押さえようと操縦桿を前方に突いたところ、プレッシャーを感じると共にバフェットが止まり機体は素直に垂直降下を始めたのです。

　速度計の針が150ノットに達するのを待ってエルロンを操作して機体が垂直の儘回転させ学生機を探すと、はるか太平洋上をテールパイプからとぎれとぎれに白煙を曳きながら降下していきます。一瞬私もあのように煙を曳いているのかと思いましたが、増速し始めたので機首を立て直し、計器類の点検をしましたがどこも異常はありません。

　エンジンは快調に回っているし、Gメーターも正常値を指しています。そこで学生に「速度はついたか？」と呼び掛けましたが返事がありません。海面まではまだ1万フィート以上あるから大丈夫ですが、エンジンが止まっていたら困ります。すでに私の機の舵はいつものように反応し始めましたから危機は脱しましたが、問題は学生さんです。

　1マイルほどの距離に接近した時、あまりにも接近速度が大きいことに気が付きよく見ると、加速しなければならない状態なのに学生機は「スピードブレーキ」を開いているではありませんか！　これでは加速するはずがありません。

「スピードブレーキを上げろ！」と怒鳴りながら後方をすり抜け機首を上げて学生機を中心に大きく左にバレルロールを打ちながら見ていると「スーッ」とブレーキが上がっていきます。

「声」は出しませんが、学生は生きている！　そう思うとつい安心して「馬鹿野郎！」と怒鳴ってしまいました。

ようやく水平飛行に移った学生機の左側に編隊を組んで計器点検を指示すると、「ノーマル、タンクドライ、ＯＫ」と初めて声が戻ってきました。Ｇメーターも正常値であることを確認し、さてこれからどうするか、と考えました。

上空を旋回している編隊長のＭ２尉からしきりに「ポジション？（位置を知らせ）」と聞いてきています。このまま帰投すれば間違いなく学生免です。燃料はまだあるのでもう一度攻撃動作を実施させることにして、再度Ｍ編隊と合流しました。

彼の「動悸《どうき》」が収まっているか気になりましたが、もう一度だけ上方からの攻撃動作を実施させ、同じ間違いを繰り返したら「首」にすると決心しましたが、今度は「ハイスピード・ヨーヨー（敵の旋回半径から外側に飛び出さない操作）」も、「ロースピード・ヨーヨー」も一応形になっています。基地に帰投し、上空で編隊解散しましたが前方の学生機が正常に脚を降ろすか、フラップ操作を忘れはしないかと気になり、彼とほとんど並んで接地し、無事にランプインした時には正直ほっとしました。

ブリーフィングルームに戻ると、主任教官が「どうでしたか？」と聞きに来ます。私は後で説明すると言い学生を待ちました。救命装具を脱いで小走りに近寄って来た学生は、私の前に直立して「お願いします」と敬礼しましたが、その姿を見て我が目を疑いました。顔はいわゆる「真っ青」ではなく紙のように〝白かった〟のですが、飛行服が実に鮮やかな朱色なのです。良く見ると両胸のポケット辺りだけが茹で卵のように白っぽく乾いています。実は飛行服は全身汗でビッショリ濡れていて、身分証明書などが入っている胸ポケットの表面だけが乾いていたのです。

頭のてっぺんから足先までじろじろ眺めている私を見て、学生は「首か？」と気が気でなかったでしょうが私は「絞れる」ほどの汗が吹き出している学生の姿に感動？　していたのです。多分「冷や汗」だったのでしょうが……。

空戦の様相を図示して説明させたところ、よほど印象的だったからかしっかりと記憶しています。スピンに入った理由を聞くと「相手に気を奪われて自分の機位（姿勢）を忘れていました」と正常に答えます。彼は、速度ゼロの宙返り状態から背面状態で落下し始め、機首が下がるや左スピンに入ったらしいのです。ちょうど私が右スピンに入り「尾翼にガツンとくる」と衝撃を覚悟していた頃です。スピンの回復手順を確認すると答えは正しかったのですが、スピードブレーキを出した理由は、姿勢が真っさかさまだったから思わずエンジンを絞り、その際ブレーキスイッチに触れたらしいのです。悪性のしかも背面フラットスピンに入らず本当に良かったと思いました。外装物（タンク）を投棄することにでもなっていたら、また違った問題が発生していたに違いなく、実にラッキーでした。

「あれが3次元と4次元との境目で、あれを越えると幽明境《ゆうめいさかい》を異にするのだ」と懇々《こんこん》と諭《さと》すと、当初緊張していた学生は簡単に経験出来ない最悪の状態から脱出出来たことを自覚したらしく、次第に落ち着きを取り戻してきました。

その反応を確かめつつも私の方は最終判定に悩んでいたのですが、彼にもう一度機会を与えよう、と決心しました。一度地獄の入り口を見た奴は二度とやってみたいなどとは思うまい、と考えたからです。

ブリーフィングを終わってグレードスリップに記入し始めると、彼は再び緊張していましたが、総合成績「2」（5段階評価で「1」はいわゆるピンク）のミニマムサティスファクトリーとしました。その途端、彼の顔色に赤みがさしたのです。

その後彼は戦闘機課程を無事卒業し、F4、F15に進み、運用幕僚等として活躍しました。死んでくれなくて本当に良かった、と私は思っています。

(9) 戦闘機パイロットに向く人・向かない人

教育、なかんずく「飛行教育」は、ベテラン教官の「庇護下《ひご》」にある間に許される範囲内でぎりぎりの体験をさせることが望ましいと思います。私自身がベテラン教官の懐《ふところ》内で育ったのですから。

戦闘航空団に配属されると、教育部隊のように懇切丁寧《こんせつていねい》な指導は望めませんから、学生時代に生死を分けるぎりぎりの体験をしなかった者は、いかに成績優秀で卒業しても実戦部隊で突然「未知の体験」をすると、パニックに陥って案外幽明境を異にしやすいのです。それはどこが限界点で、どうすれば回避出来るかを体得していないことから来るのだと私は確信しています。

教育期間中に教官の体験を基《もと》にした「限界点と脱出法」を、防府で教わった橋本巳之作教官のように、何らかの形で学生達の意識（または体）に刷り込んでおくことは、事故防止の観点からはもちろん、教育の重要な要素だということを、飛行班長としての最後のフライトで体得したのですが、これは教育全般に通じる真理ではないでしょうか？

いずれにせよパイロットは、いったん滑走路を離れてしまえばあらゆる事象に独力で対処しなければなりません。目が見えなくても、腕が動かなくても、意識が朦朧《もうろう》としていようとも、神様でもいない限り誰も援助の手を差し延べてはくれません。

隊長も司令官も無関係であり、無線による援助も気休めに過ぎないのです。強靭《きょうじん》な精神力が要求される所以《ゆえん》であり、それがパイロットの生きる道でもあります。

だからこそ学生教育に当たり、学生に感化を与える教官の技量と識見《しきけん》、並びに人間性は重要であり、貴重な体験を伝承出来ない者は教官としては不適切だと私は考えています。

翻《ひるがえ》って現代日本社会における各界の指導者や青少年達の行動を眺めると、「安易な馴合《なれあ》い教育」を受けて育った者独特の「パニック現象」が起きているように見受けられるのですが、これは「真剣勝負を忘れた」我が国の学校教育の弊害《へいがい》が噴出しているのではないか、と思えてなりません。

操縦教育の評価表の大項目には「資質＝状況認識。判断力。闘志。知識」「技術＝離着陸など各科目」の評価項目があります。

瞬間的に判断を求められる世界ですから、今自分が置かれている状況を的確に把握し、瞬時に判断して行動出来なければ、直接死につながります。従って普段からの知識の集積が必要になり、強い学習意欲が求められるのです。

四年四か月間、浜松で戦闘機操縦教官を務めた私の経験では、「平常心！（パニック＝死）」「几帳面さ！（どんな些細《ささい》なことにも気を配る）」「敬天愛人《けいてんあいじん》の精神（厳しい3次元の世界）」を維持出来る者はパイロットに向いているといえます。

そこで操縦課程における学生生活では節制心と自制心が求められるのですが、この要素が維持出来ない者が「パイロットに向かない人」だといえるでしょう。

技術的には下手でも「誠実で努力がみられる者」は教官が引き上げます。ただ「強がりを言う、弁解する、依頼心が強い、嘘をつく、人間的に信用出来ない」者は確実に排除されるシステムになっています。それは空中では隠しようがなく、ハッタリは全く通用しないからです。

第5章

憧れのファントム・ライダーに

1、機種転換教育（百里）

⑴：ファントムの特性

第1航空団で四年四か月もの間、86Ｆによる戦闘機操縦教官を務めた私は、幹部学校指揮幕僚課程を卒業後、想定外の外務省に出向させられました。操縦桿をペンに持ち替え、背広で霞が関通いをして、二年三か月後にようやく古巣に戻ることが出来、昭和五十二年十一月に念願だったＦ－４ＥＪファントムⅡに機種転換を命じられたのです。

しかし、飛び慣れていた86Ｆと、新世代のファントムとでは、装備に月とスッポンほどの違いがありましたから、久しぶりに握った

Ｆ４とコックピット

操縦桿は非常に重く感じました。

百里基地での機種転換教育期間中は大いに苦労したものですが、とりわけ、私にとっては次の五点が大きな課題でした。

第一点は、ファントム戦闘機は米海軍の長距離艦隊防空用戦闘機として開発された機体でしたから、ＲＩＯ（Radar Intercept Officer……空軍ではＷＳＯ＝Weapon System Officer）が後席に乗る「複座戦闘機」だったことです。単座の86Ｆに乗り慣れた私には、常時後席操縦者の息遣いをインターホンで聞きながら戦闘することに違和感がありました。

第二点は、当時としては強力なＪ79エンジン2基を搭載していたことであり、第三はそのエンジンには推力８１２０kgという強力なアフターバーナーが付いていたことで、離陸時のみならず、上空での格闘戦に必要不可欠なものではありましたが、多用すると燃料が欠乏するので注意が必要だったことです。

第四点は私のような「ハチロク野郎」には未知の世

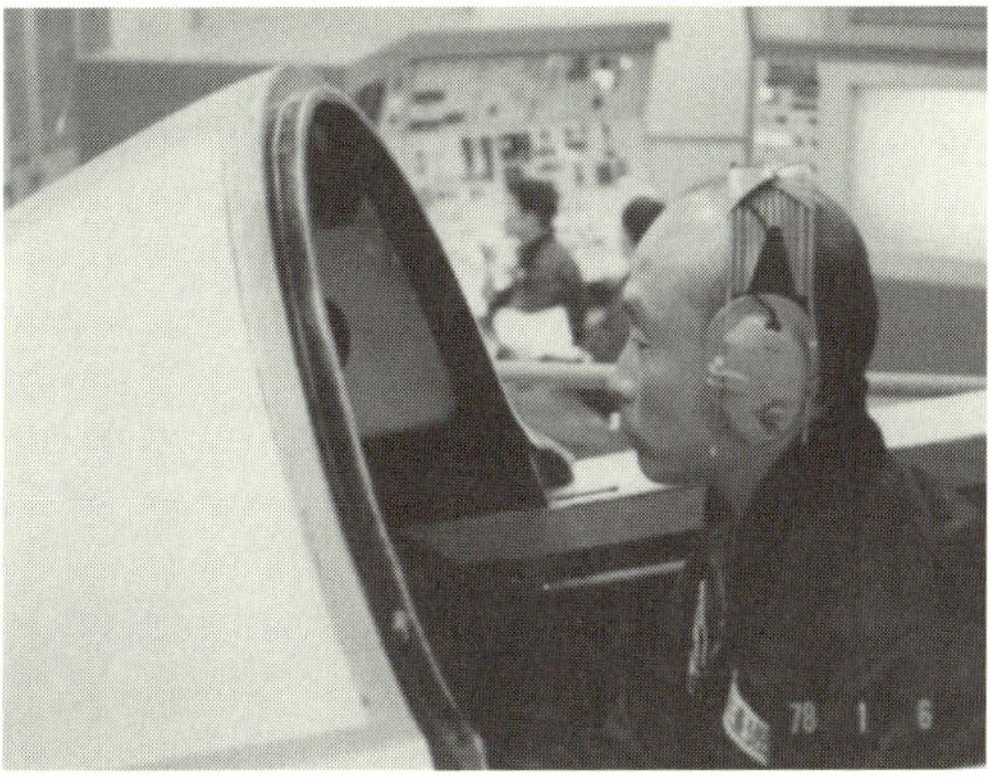

Ｆ４のフライトシュミレーター訓練中の私

界であった高性能な捜索レーダーを搭載していたことです。転換教育中はF104から転換してきた同僚は手慣れたものでしたが、何しろ視力を大切にし、誰よりも先に「目視発見」することに快感を覚えていたハチロク野郎には、レーダー上の小さな輝点《きてん》が、船なのか目標なのか判別出来ず当初は大いに戸惑いました。

第五点は、実はこれが一番困惑したのですが、ファントム独特の特性である低速時の「ラダーコントロール」でした。戦闘訓練中に、この大原則を逸脱《いつだつ》したために、「幽明境を異にした」仲間が何人もいたのです。

昭和五十四年六月に、積丹《しゃこたん》半島沖で空中戦闘訓練中に墜落したのがそれです。幸いにも二名のパイロットは生還したのですが、このようなファントム独特の操縦特性については、操縦者以外には分からないものですから、少し解説しておきましょう。

⑵アドヴァース・ヨウと超音速体験

ファントムは海軍機として設計されたため、主翼は空母搭載時に折りたためるように「内翼」と「外翼」とから構成されています。即ち、上半角がついた外翼は、人力で垂直に折りたためるようになっているため、構造上エルロンが取り付けられず、代わりに内翼に付いていますからロール方向へ操舵すると、上方へ1度、下方へ30度作動するエルロンと、翼上面から45

度上方へ作動するスポイラーが連動する仕組みになっているのです。

ところが低速で大きくロール（バンクを取る）しようとすると、面積にしてエルロンの3分の1にも満たないスポイラーの効果よりも、面積が大きいエルロンの抵抗の方が大きくなりますから、エルロンが下がった方向に機首を振られることになるのです。

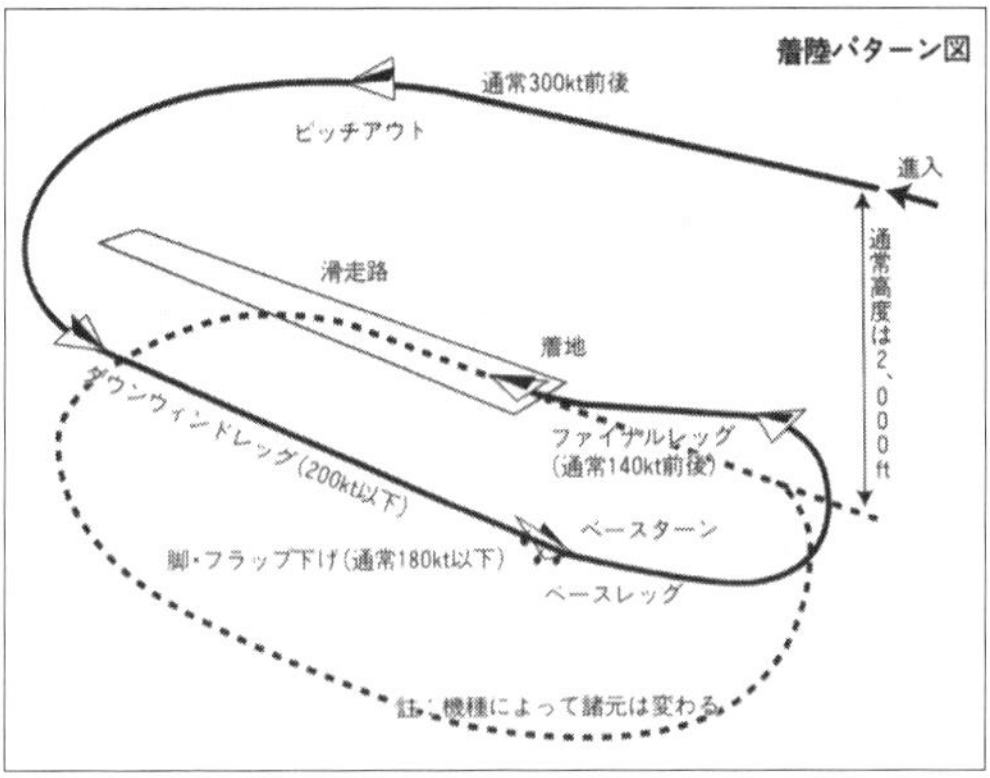

着陸経路図

この現象を「アドヴァース・ヨウ」というのですが、操縦者が右旋回しようとして右に大きく操縦桿を操作すればするほど反対方向の左へ左へと機首を取られるため、パイロットの意思に反して左に旋転するという最も危険な状態に陥りやすいのです。

このギャップを解消するために、低速時にはラダーを使用するのですが、レシプロ機ならばいざ知らず、ジェット機ではほとんどラダー操作は無視出来ましたから、ファントムという最新鋭機で、低速の高迎《むか》え角《かく》（AOA）の時に限られたものとはいえラダーで旋回することに私は大いに戸惑ったのです。

例えば、上図のように着陸のため滑走路上空に進入して、ピッチアウトするまでは「通常通り」の操縦桿操作でいいのですが、減速してダウンウィンドでロールアウトする時からは、意識してラダーを使用するのです。ところが脚を下げて、低速度でベースターンに入る時には、意識的にラダーで旋回に入れても、滑走路に正対するためファイナルレッグでロールアウトする時には体が覚え込んでいますからラダーよりも操縦桿（エルロン）で戻そうとしやすいのです。もちろん、風で流されたり煽《あお》られたりして機体が傾いた時にも、反応が鈍い「足（ラダー）」よりも、思わず操縦桿を操作するから危険になります。

このように、低速で迎え角が大きい場合には、「手足が調和した操作」をしなければ危険な状態に陥りやすいのですから、まことに厄介でした。

しかし、ファントムは86Ｆでは困難だった超音速飛行がやすやすと出来ますし、セミアクティブ・レーダーホーミング方式のスパローミサイルを搭載できたこと、慣性航法装置や自動操縦装置、地上の自動警戒管制組織からの指令信号を受信して要撃行動を迅速《じんそく》にするデータリンク受信機、電波高度計や着陸後に使用するドラッグシュートなど、初めて見る高度な装置を装備していて搭載能力も優れていましたが、乗りこなすための基本的な相違点は先ほど挙げた五つでした。

ところが、転換教育を終えて、築城基地の第３０４飛行隊に配属された私は、空中戦闘訓練でさっそくこの危険操作を犯してしまったのです。

1対1の格闘戦訓練中、相手の左後方という有利な位置に占位出来たので、得意とする右バレルロールを打って射撃位置に付こうと計画し、AOAが高いにもかかわらず操縦桿を右いっぱいに倒したのです。しかし、機体は「イヤイヤ」をするように機首を振るだけです。絶好のチャンスでしたからこの機を逃す手はありません。

86Fのように力いっぱい操縦桿を右に倒すと、急に機体は「ゴロン」と反対方向の左にロールしてスパイラル降下に入ってしまったのです。私は一瞬何が起きたか分かりませんでしたが、この時は高度に余裕があったから回復出来たものの、低高度だったら確実にベイル・アウトでした。積丹半島沖で墜落したファントムもこの状態に陥ったのです。この体験以降、私は二度と危険操作はしなくなりました。人間、頭では分かっていても、一度失敗してみないと身につかないものです……。

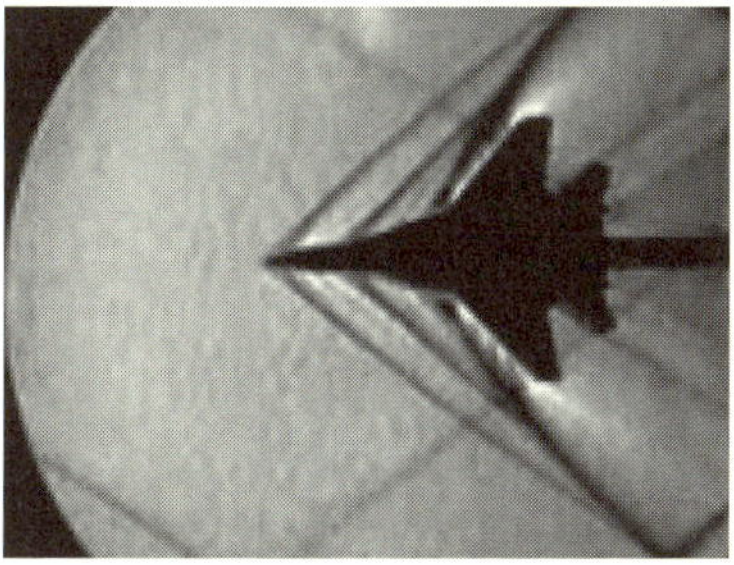
超音速風洞実験。斜めに見える筋が音の壁

音の壁を、実際にこの目で見たこともあります。超音速高速目標機として飛んだ時のことです。攻撃側とすれ違った瞬間、マッハ1・2を保ったまま、右へ緩降下旋回に入ります。攻撃側は一定の旋回を続ける私に対して、最も効果的な攻撃を仕掛けて離脱するのですが、攻撃側の動きを見ようとして定められた飛行条件を保ちながら外を見ると、胴体のダクト前方にある固定ランプ付近に、引っかかった〝タコ紐〟のようなものが見え、後上方に長く続いているのです。一瞬不思議に思いましたがそれが何だか分かりませんでした。

1回目の訓練を終えて上昇する途中、ダクト周辺をよく見回しましたが〝紐〟は見えません。2回目に再びマッハ1・2の超音速で旋回降下に入り、安定したところで外を見ると、やはり〝紐〟を引っ張っているのです。よく観察するとそれは〝紐〟ではなく、衝撃波、つまり「音の壁」でした。

防大で航空工学を専攻した私でしたが、超音速風洞実験で見た音の壁を、実際に自分が「発生」させながら、それを自ら「確認」しつつ飛んでいるのです。この時の感激はとても言葉では言い表せませんでした。

(3) 強靭な機体

昭和五十三年十一月、私が築城基地の防衛幕僚だった時、西部航空方面隊総合演習で間一髪、大事故を免《まぬが》れたことがありました。

方面隊司令部の幕僚が突然ＷＯＣ（航空団指揮所）に電話してきて「３０４飛行隊のＦ４が

1機、勝手に戦場を離脱した。理由を知らせ」と怒鳴ったのです。

WOCでは空域の戦況はさっぱり把握出来ませんから、飛行群指揮所に問い合わせると1機着陸したところだと言います。

私が自転車で駐機場に駆け付けると、ちょうどパイロットのF1尉とO1尉が機体を離れるところでした。状況を聞くと「オーバーGしたから帰投した」と言うのです。

そこで機体の後方から主翼の付け根付近を見て驚きました。翼面が「波打って」いるのです。水平尾翼の可動部前方部分の尾部胴体表面が、まるで潰れた缶ビールのように膨らみ、突出した表面が尾翼に擦《す》られて破れています。上下方向に相当な荷重ががかったに違いありません。呆然と見ている整備員に、Gメーターを点検させると「8・5G」だと言います。

胴体にも皺《しわ》が見られましたが、主翼の皺は砂浜に押し寄せる「さざ波状」で、よく見ると翼面のリベットの頭回りから「産毛《うぶげ》」が生えています。

翼内面に塗られたタール状のシールが吹き出して出来たもので、機体全体が「呻《うめ》きながら」荷重に耐えた有様が想像出来ました。

司令部に戻り状況を報告したのですが、演習中ですから、翌日の演習終了後に、改めて格納庫で機体を点検して驚きました。皺が消えているのです。水平尾翼前方の胴体は破損したままでしたが、主翼のリベット回りも、アフターバーナー・セクション・ヒンジの隙間も「元通り」に回復しているのです。機体全体が「埃《ほこり》っぽい」のは「産毛」のせいだったのですが、私が昨日見たあの凄まじい状態は、ほとんど消滅していましたから、司令部幕僚達から「班長は昨日何を見たんだろう？」とからかわれました。

ところが、飛行隊から「班長、ちょっと来てください」と呼び出されて、現像したばかりのガンカメラ（射撃記録用の装置）の16㎜フィルムを点検して絶句しました。

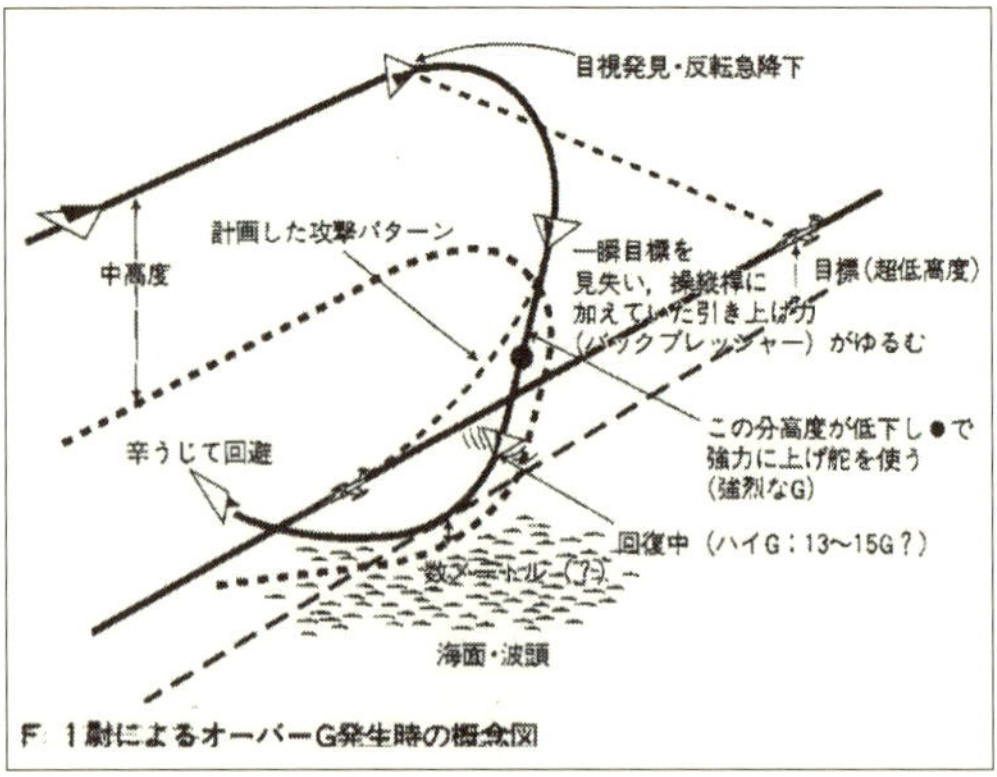

オーバーGした航跡図

　スクリーンには、急降下から激しくローリングしながらも水平飛行に移り、やがて上昇に転じる一連の動きが写し出されていましたが、水平飛行に移る直前に海面の波頭がはっきりと写っていたのです。前席パイロットのＦ１尉が全力で操縦桿を引っ張った時、通常は射撃時にしか引かない引き金を握り締めたまま引っ張ったのでフィルムが作動したのです。まさに間一髪で海面激突を回避して生還した生々しい記録でした。

　二人の証言によると、正面から低高度で接近してくる敵（Ｆ１０４）を目視発見したＦ１尉は、ただちに急降下反転で追跡に移ったのですが、垂直降下姿勢になった時に見失い、一瞬操縦桿の力が緩んだのです。次の瞬間、機体が真っ逆様に海面に突っ込んでいるのに気付いた彼は、両腕で操縦桿を引っ張って機体を立て直そうとしました。

後席のO1尉は、レーダーで捜索中に急降下から引き上げられたため、激しいGで体はヘルメットごとレーダーコンソールに叩きつけられました。かすかな意識の中に海面がせり上がってくるのが見えたので彼は「いかん！　水が入ってくる」と思い、両足を持ち上げようとしたが全く動きが取れなかった、と後で言いました。

そして日が経つにつれて、首が回らなくなってきた二人は、揃って精密検査のため岐阜病院に入院しました。

因《ちな》みにGメーターを分解検査したところ、針は最大10Gの位置にあるストッパーに激しく当たった後、跳ね返って8・5Gの位置で止まっていたらしく、実際は13～15Gくらいかかったのではないか？　と言われています。

それにしても「ファントム（化け物）」と言われるだけのことはある、と機体の強靭さに舌を巻いたのでしたが、考えてみると退官したF1尉はその後民間機のパイロットとして、O1尉は航空団司令まで務めたのですから、人間の体の方が大したものだと驚嘆します。

2、第305飛行隊長を拝命

(1)高高度要撃訓練＝「3・5次元の世界！」

昭和五十五年三月、私は光栄にも、創設間もない第305飛行隊の第2代隊長を命ぜられました。86Fが長かったので当初は苦労しましたが、それでもわずか一年四か月間の隊長時代に200時間以上もファントムを乗り回し、合計400時間以上もファントムと過ごすことが出来たのですから、実に恵まれていました。

ファントムは、5000機も生産された名機の名に恥じない機体だけあって、私にとっても

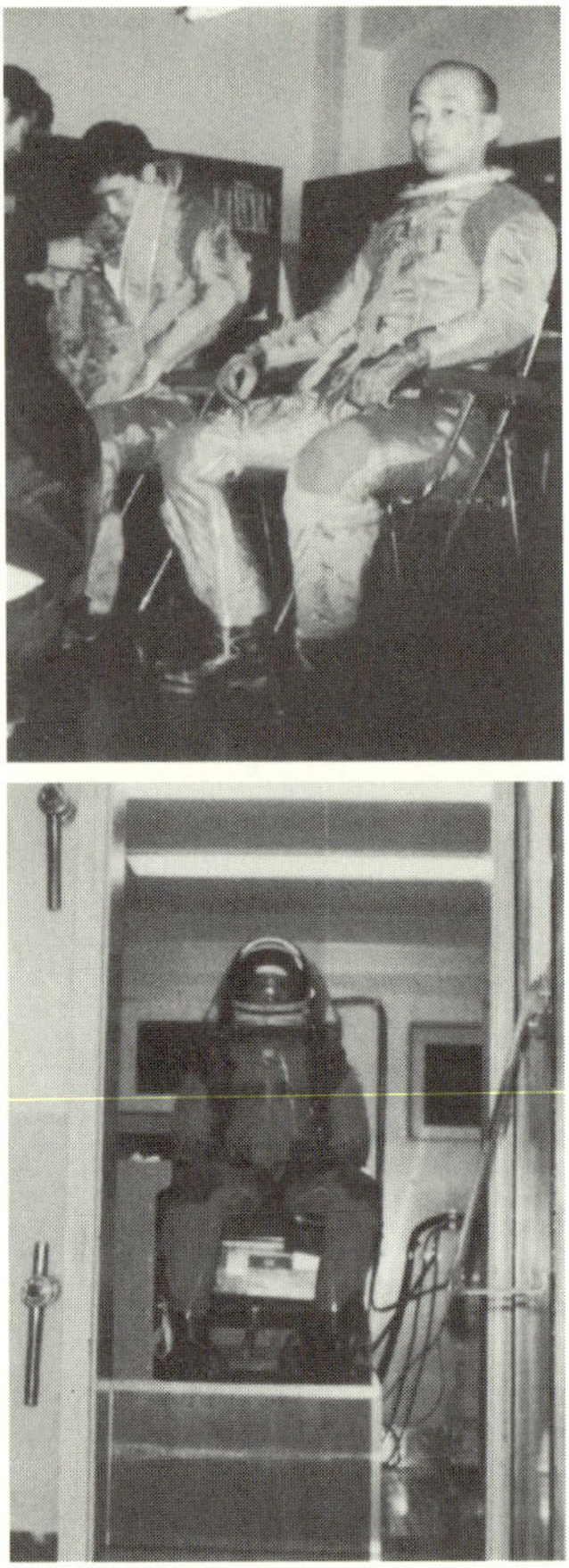

与圧服と低圧試験

乗れば乗るほど味がある、忘れ難い機体になったのですが、ここでは隊長時代に体験したエピソードをご紹介しましょう。

F15は高高度目標機に対して、低高度からでも要撃できるように設計されましたが、ファントムとF104は搭載武器の性能上、目標と同高度まで上昇して要撃しなければならなかったので、ファントム・ライダーには4万5000（地上約13㎞）フィート以上を飛行するための宇宙服と同じ与圧服が貸与されていました。

ACM（空中格闘戦）大会を控えたある日、私は高高度要撃訓練の目標機として2機編隊で百里沖に舞い上がりました。

3万7000フィートでマッハ0・9とし、AOAを3～5に保って緩降下します。高度3万フィートを切ったところで音速を突破するとAOAを6～8に保って1・7Gで引き起こします。

すると機体はぐんぐん加速上昇し、上空の空の色がどんどん濃くなってきて、やがて群青《ぐんじょう》に染まります。ファントムの仕様書には上昇限度は約6万（地上約18㎞）フィートと書かれていますが、私は勢いあまって限度を突破し、高度6万1500フィートに達してしまいましたから、徐々に降下して水平飛行に転じマッハ1・3、高度6万フィートにセットします。ところが空気が薄いので基本隊形を維持しようとすると、機体がフワフワと安定しません。その上、与圧服のヘルメットが曇るので視野が制限され、操縦しにくいこと甚《はなは》だしいのです。

与圧服全体には加圧された純酸素が充満していて、マスクからは加圧酸素が、半ば強制的に流れ込みますから吸気は楽ですが排気がままならず、交信もくぐもった声になります。

やがて要撃機がコントレールを引いて上昇接近して来ました。彼等にとっては我々もコントレールを引いていますから発見は容易ですが、攻撃の最終旋回時期が少しでも遅れると占位に失敗して二度と攻撃出来ません。空地一体となった連携プレイが要求されるのです。大空に雄大な飛行雲を引きながら接近してくる2機を監視しつつ計器を点検すると、機内与圧は約2万フィートに保たれていますが、外気圧は地上の14分の1、外気温は零下56・5℃です。ここで万一キャノピーが破れ与圧服が不具合であれば、体内の空気は爆発的に14倍に膨張し血液は沸《ふっ》騰《とう》し、3次元の世界から一気に〝4次元の世界〟に直行することになりますから、コックピット内は〝3・5次元の世界〟なのです。

攻撃に成功した部下達は我々の後方を徐々に降下して帰投して行きましたが、我々は管制官の指示でしばらく高度を維持して水平飛行します。そこで改めて外を見ると、かすかにカーブした茶褐色の地球の上には群青の空が広がっており、はるか下方の洋上にはまるで羊の群れのような斑雲《まだらぐも》が一面に浮かんでいて、まさに絶景です。こんな世界はめったに体験出来るものではありません。ファントム・ライダーになれた幸せを実感した瞬間でした。

⑵勇敢な整備員！

55総演（昭和五十五年度）時に、間一髪航空機炎上を救った整備員がいました。

私は前日にアラート勤務についていましたから、翌朝八時にアラートを下番《かばん》して演習状況下に入りました。そして九時には仮設敵機として離陸し、太平洋上で部下達の見事な攻撃を受けて〝撃墜〟されました！

翌日は、早朝から演習スクランブルがかかり、今度は迎撃のため一番槍で出撃した私は、侵攻してくる仮設敵機のＲＦ４や、電子情報収集中のＹＳ11を発見、これを撃墜しました。

この日は日本海側に多数の仮設敵が出現したので、息つく間もなくスクランブルが発令されましたが、隊員達の動きは実に整斉《せいせい》としていて頼もしい限りでした。

そしてその夜、通常は両翼下に２本しか付けていない３７０ガロン外装タンクに加えて、胴体下に６００ガロンのセンタータンクを１本追加する兵装変換指示が出され、その取り付け作業中に思わぬトラブルが発生したのです。

列線に並ぶファントムに、格納庫から運ばれてきた空《から》の６００ガロンセンタータンクを取り付けて燃料を補給し終わると、間髪を入れずパイロットが飛び乗ってエンジンを回し、燃料系統の圧力が正常に機能するかを点検するのですが、その最中に１機に取り付けたセンタータンクから、突然消防車のホースから空中に放水するように燃料が勢いよく吹き出したのです。多分、センタータンクはほとんど使われていなかったので、タンクのパッキンが劣化していたのでしょう。

周囲にいた整備員達がパイロットに「カット！　カット！」とエンジンを切るように叫ぶのですが、現場は暗い上にエンジンの騒音でパイロットは全く気が付きません。

私が「消防車を呼べ！」と指示して現場に駆け付けたところ、一人の整備員が胴体の下に潜り込んで、パッキンが外れて吹き飛んだため勢いよく燃料を吹き出しているセンタータンクの、直径3インチ（約10㎝）ほどの点検孔に自分の左腕を突っ込んだのです。

まるで水柱のように吹き出していた燃料は、彼の腕で塞《ふさ》がれシャワー状になって周囲に飛び散ったのですが、彼が必死の形相で肩まで穴に突っ込むと、燃料噴出は随分少なくなってきました。その時異常に気付いたパイロットがエンジンを切ったので圧力が低下して噴出は止まったのですが、万一引火していたら、隊員はもとより、パイロットとファントム1機が炎上して大事故になっていたことでしょう。

身を挺《てい》して行動したのは、Bフライトの整備員・上野恵司2曹（当時）でした。彼は同僚から「仕事は厳格そのもの、ファイト満々の髭の軍曹。ファントム整備のオーソリティ」と評されていましたが、普段は目立たない好漢でした。

私は、翼の下に潜っていき、全身毒性があるJP4でグシャグシャの彼を、ただちに医務室に直行させました。

自衛官の宣誓文に「事に臨んでは身の危険を顧みず、身をもって責務の完遂に努める」という一節があるのは御承知の通りですが、私は直接この眼で確認したのです。

揮発油と灯油が混合された航空燃料を目や耳をはじめ全身の皮膚に被った彼が心配でしたが、やがて医務室から、何事もなかったかのように作業服を着替えて列線に復帰してきました。そして「隊長、ビールじゃなくて残念でした！」などと笑ったものです。

彼のような勇気ある真面目な整備員の活躍で、我々パイロットは安心して飛び回ることが出来るのです。恐らく大東亜戦争中の陸・海軍航空部隊もそうだったのだと思います。

「縁の下の力持ち！」という言葉を実感した瞬間でした。

(3) 敵艦隊攻撃に飛行隊全機出撃！

翌日の午前中は、中空（中部航空方面隊）と北空の対抗演習が計画されていて、中空代表の我が飛行隊宛の命令書には「第305飛行隊長は、全機（18機基準）をもって、侵攻する赤艦隊を撃滅せよ」とありました。

演習海域は三沢沖のB海面で、ここに海上自衛隊の艦艇が約10隻遊弋《ゆうよく》し、上空には第204

飛行隊のＦ１０４数機が警戒に当たっています。それを掻《か》い潜《くぐ》って南方から一斉に艦艇を攻撃するのですが、敵のレーダー・サイトは岩手県の山田に指定されていますから、航進中に発見される可能性が高いのです。

電波特性を考慮し、定められた最低飛行高度で飛行すると監視を逃れることは出来るのですが、そうすると往復約７００マイルですから燃料が不足します。帰路は、警戒しているＦ１０４に掴まることを覚悟の上で高度を上げれば何とか燃料は足りるのですが、天候が悪ければ代替基地分の燃料が不足します。しかも18機という大編隊ですから想定外の事態が起きれば大混乱を引き起こしかねません。しかし、当日は素晴らしい好天に恵まれたので天候に関する懸念《けねん》は払拭《ふっしょく》され、飛行隊全員で練ったＬＯＷ－ＬＯＷ－ＨＩＧＨＴ（低高度―低高度―高高度）案を採用しました。

私は飛行班員の技量は絶対信頼していましたが、むしろ飛行コースを適切に選定して燃料を浪費することなく、しかも敵掩護戦闘機の攻撃を回避して、目標上空に全機を導くという、隊長としての責任の重大さを痛感していました。

離陸時刻は秘匿《ひとく》していましたが、双方に配属された偵察機がすでに情報収集をしていますから、ＭＯＢ（モビル・コントロール）と指揮所間で「疑似交信」をさせ、本隊は1時間後に一切「無線封鎖」してエンジン・スタートし、整斉と滑走路に向かいました。

18機全機が滑走路上に整列して、一斉にランナップする情景を見ていた基地隊員達には凄い迫力だったことでしょう。

ランナップで異常があった場合は、キャノピーを開けて他機の邪魔にならないように滑走路端に寄ることにしていましたが、バックミラーの17機全機のキャノピーは閉まっていて、後方から順次OKのハンド・シグナルが返ってきたので私は定刻にブレーキを放し、2番機を引き連れて北に向かって離陸しました。

第1旋回点で右旋回し後方の飛行場を見ると排気ガスに覆われた滑走路上を部下達が次々に離陸してくるのが見えます。ところが海上に出て針路を北へ取るため左旋回を始めた途端、「アボート、アボート！（離陸中止の意）」というMOB幹部の甲高い声がレシーバーに響いたのです。

何か緊急事態が発生したことは明白で、滑走路上に黒煙が上がっているのでは？　と思った私は、左後方の基地を凝視したのですが、私の視界に入るのは、いつも通りの平穏な基地の全景だけです。どこにも〝排気ガス以外の黒煙〟等は見えませんし、レシーバーにもその後何の交信も入ってこず、無音の世界です。

「緊急事態以外は一切無線封止、指示は機体信号を用いる」という命令を自分が破るわけにもいかず、私の前後左右に空中集合してくる機数を後席操縦者と共に勘定すると1機足りないの

1式陸攻進撃とF4の編隊。私の場合はこの2倍を率いた！

です。各編隊長が私の命令に従って、アボート事態を無線で報告してこないところを見ると「何らかの軽度なトラブルで1機がアボートしただけ」だと判断して、進撃を続行する以外にありませんでしたが、しばらくの間は何かあったのかと気になりました。

　空中集合を終わった私以下17機のファントムは、大滝根レーダーサイトから、我々を補捉したという「隠語」のメッセージが流れる中、広大な海原を、太陽の光に機体を輝かせながらほぼ横一列に開いた隊形で北に向かって進撃したのですが、その様子は、かつて太平洋上で敵艦を求めて進撃した海軍航空隊の大編隊とダブつて見えて強い感動を覚えたものです。南太平洋上で魚雷を抱いて進撃した1式陸攻や、それらを掩護した零戦隊の指揮官達も、きっとこんな感慨を抱いたことだろう、と思いました。もちろん「実戦」と異なって「演習」ですから、先輩方の心境にはとても達しませんでしたが……。

松島沖を通過中に、突然「総隊司令官から305飛行隊長に命令」というかすかなボイスが飛び込んできました。謀略ということも考えられますから無視していると、「こちらはCOC（航空総隊指揮所）、305飛行隊長に伝達。目標にソ連のAGI（情報収集艦）が接触中。攻撃行動はソ連のAGIを回避して実施せよ」というのです。

その昔、西空演習で第10飛行隊の86F・4機が、目標と間違えてソ連のコトリン型駆逐艦上空を通過したというので国会で大問題になり、中曽根長官が陳謝したことがあるのですが、その際、野党議員が「『ソ連艦が、我は標的にあらず』という旗旒《きりゅう》信号を掲げていたにもかかわらず、それを見落とすとは、自衛隊は弛《たる》んでいる」などと、信じがたい素人談義が世間を賑《にぎ》わせたことがあったことを思い出しました。

COCからは「305飛行隊長、総隊司令官の指示を了解したか？」としつこく聞いてくるので、やむを得ず「了解」と無線封鎖を破りました。

金華山沖を過ぎると戦闘空域に入ります。共通周波数に切り替え徐々に高度を最低基準まで下げ、若干増速します。これらは全て機体シグナルで指示するのですが、私の動きが編隊間に順次伝達されると、了解した編隊長が「ジッパー・シグナル（音声を出さずにスイッチだけを短く2回押す)」で応じるので、上空で警戒に当たっている敵機がそのシグナルを捉えて頻《しき》りに山田レーダーサイトに我々の位置情報を要求しています。

(4) 全軍突撃せよ!

計画通り戦闘海域に接近しましたが、ソ連のＡＧＩの位置が気にかかるのでやむを得ず捜索のためレーダー電波を瞬時発射してその隊形を確認しました。すると、赤艦艇にキャッチされ「敵、南方より接近中。距離○○」と掩護戦闘機部隊に伝達しましたから〝敵〟ながらあっぱれです!

後席の野中1尉の名航法で定時定点に達しましたから、レーダー作動、武装スイッチを確認後、思い切りフィッシユ・テイル(尾翼を左右に振る)すると、私を中心にした16機は梯団《ていだん》ごとに、それぞれ2機ずつ一列横隊の攻撃態勢を取ります。

そこで初めて無線で「目標前方の艦艇群。全軍突撃せよ!」と命令すると、各編隊は扇を開くように一斉に獲物を求めて突撃を開始、私も2番機の新井1尉を引き連れて正面の目標に突進しました。

広大な戦闘海面に散開して我々の攻撃から逃れようとしている艦艇群はすでにレーダー上で位置を捕捉していましたが、私の目標である中心部の護衛艦のそばに奇妙な輝点(スコープ上

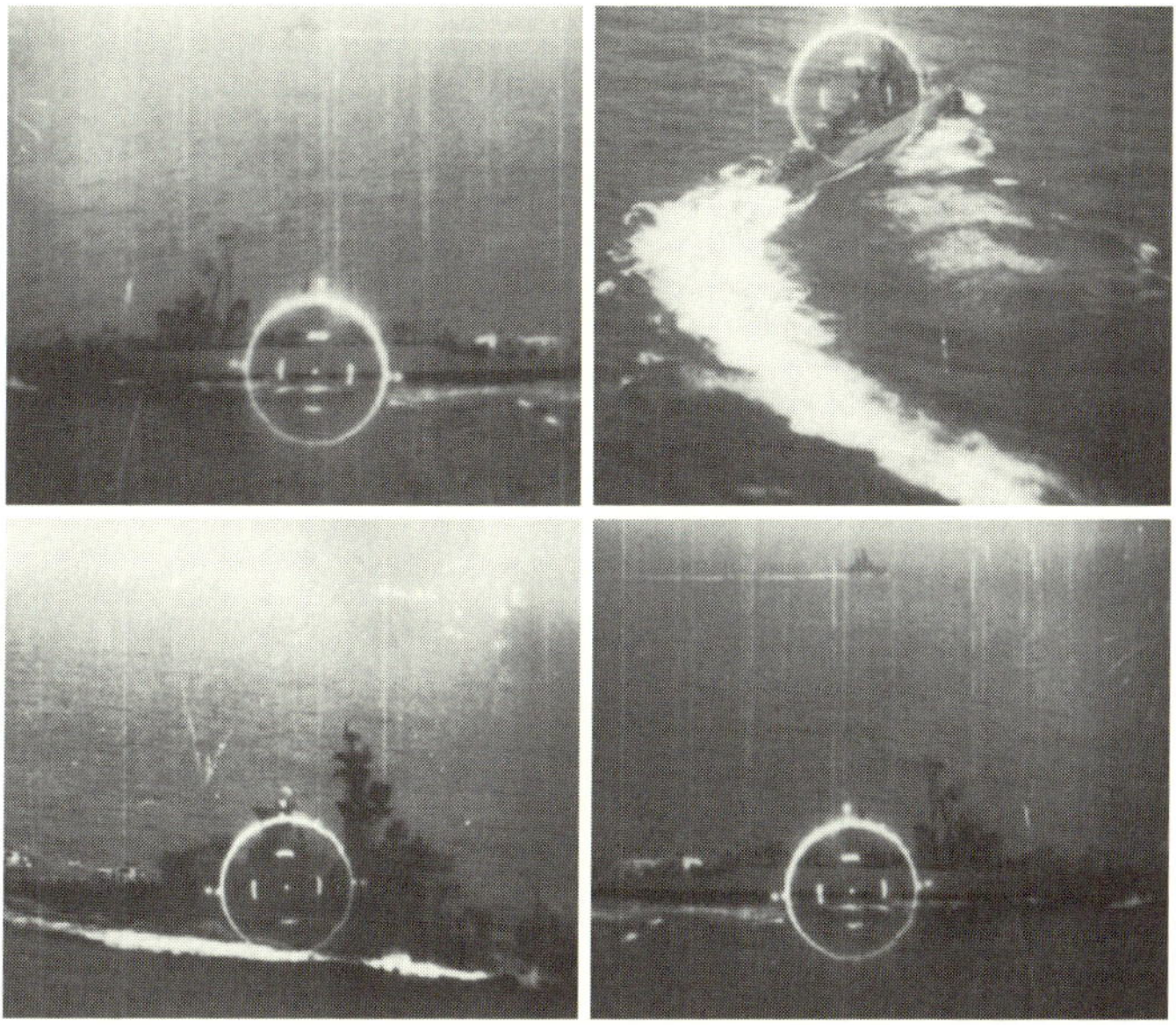

対艦攻撃写真。攻撃を回避する艦艇群（しかし艦砲はしっかり私に向けられている！）

のマーク）があるのが気になります。接近するとやがて針路正面に白く光った「点」が見え、艦影が目視出来る距離になると、それがソ連情報収集艦のレドームで、私の目標艦にぴたりと追従して〝日ソ共同訓練中〟だったのです！

我が編隊はそれぞれの目標に向かって突進中ですから今更目標変更は不可能です。右側には2番機がぴたりと付いていて私の爆弾投下指示を待っています。しかし、このまま進めば間違いなくソ連艦を〝攻撃〟することになりますから迷っている暇はありませんでした。私はコースを若干右に変更してソ連艦を回避した後攻撃を続行することとし、「右に捻《ねじ》るぞ！」と2番機に合図して右バンクを取ったのですが、海面上を低空飛行しつつ投下ボタンを押す「レディ……ナウ！」という合図を待っていた新井1尉には予期出来ない旋回だったに違いなく、まるではじかれたように右上方に離脱しました。

それを見た私はさらに右急旋回して辛うじてソ連艦を回避し、白く輝くレドームが左後方に飛び去るのを見届け、ただちに左に切り返したのですが、目標であった「あまつかぜ型」艦もすでに後方に過ぎ去っていたので、やむを得ず白波を蹴立てて回頭している「くも型」艦艇を見つけてこれを攻撃することにしました。

「新井、これを仕留めるぞ」と言うと、予告なく急旋回されて衝突を〝回避〟した彼の心臓は激しく動悸していたはずなのに、「ラジャー（了解）」と答えるとスーッと近付いてきて再び編隊を組みます。こうして緩降下爆撃を敢行《かんこう》し、目標艦上空を通過後低空で離脱しながら戦場を眺めると、太いウェーキを引きながら高速で逃げ回る艦艇群に部下達が襲いかかっています。

私が右旋回しつつ帰路に向けて上昇を開始すると、今まで耳に入らなかったのが不思議なくらい、艦隊掩護中のF104編隊の喧《やかま》しい交信が飛び込んできました。

まるで「ミッドウェイ海戦」の記録フィルムを見るような艦艇群の航跡を眼下に上昇して所定の高度に達すると、どこからともなく機影が近付いて来て編隊を組みます。これまた太平洋で、敵基地や艦船攻撃を終了して帰途につく、旧海軍航空部隊の情景に似ていて、部下の無事を祈る淵田中佐や志賀大尉の心境がよく理解出来たものです。

やがて全機異常なく攻撃前の隊形に復帰しましたが、燃料消費も計画通りで百里基地の天候も問題ありません。後は〝送りオオカミ〟のＦ１０４だけが問題ですが、５分ほどで空戦空域を離脱出来ます。

私は第1梯団をまとめて一路百里基地を目指しましたが、後方に位置する第2梯団から「隊長、前方に敵編隊発見、交戦します」と言ってきました。

私が「敵機に構うな。回避して進路を保て」と指示すると不満そうに「ラジャー」と返事がきたのですが、実は私達を狙って追撃中だった敵編隊を撃墜したことが後になって判明しました。「命令違反だ！」と厳しく注意はしてみたものの、「見敵必殺」精神をたたき込まれた戦闘機乗りにとっては、眼前の獲物をみすみす見逃すことは出来なかったのです。

こうして昼前に全機無事に帰還したところで演習は終了し、午後四時半に総合演習も終了したのですが、方面隊代表として飛行隊全機を指揮したこの経験から、私は「指揮官先頭」という戦闘集団の神髄《しんずい》を学んだ気がしました。それは「条件が厳しくなればなるほど部下は上司の一挙手一投足を凝視する」ものであり、「これに応えられない指揮官は信頼されない」という当たり前の事実でした。

ミッドウェイ海戦の戦訓をふり返るまでもなく、指揮官の判断ミスが部隊全員の生死を分けることは、幹部学校に限らずあらゆる場で耳にタコが出来るほど聞かされてきましたが、実地に体験出来る場を与えられる者は限定されています。

その意味でこのような機会を与えられたことがありがたかったのです。さらに無線封止という条件下で、私の指示を間違いなく理解して見事に任務を果たしてくれた部下達が頼もしく思われ、訓練の成果に満足で、飛行隊長冥利に尽きましたが、併せてこれらの体験から、「机上の空論」の虚しさも再確認出来たのでした。

(5)航空総隊戦技競技会

ア、那覇から千歳へ

昭和五十八年度の航空総隊戦技競技会は、Ｆ４部隊とＦ１０４部隊の対抗形式で行われました。各飛行隊とも２機編隊の２個編隊で競技するのですが、隊長は必ず１番機で飛ぶように指定されています。

夏休み明けから集中的に訓練に入ったのですが、我が飛行隊の練習相手は、那覇のＦ１０４部隊である第２０７飛行隊に指定されたので、双方が百里と那覇を移動しあって訓練しなければならず、多大な苦労を強《し》いられました。

競技会は十一月十日から三沢東方洋上空域で実施され、Ｆ４部隊は千歳基地に、Ｆ１０４部隊は三沢基地に集結するのですが、我が飛行隊は十月二十七日から十一月一日にかけて、最終的な訓練を、冬場海上を漂流してもいいように着用が義務付けられている〝耐寒服〟を着て那覇基地で実施し、七日まで百里基地で機体整備を含めた最終調整をして、八日に決戦場である千歳基地に進出したのですが、思わぬ故障が頻発したのです。

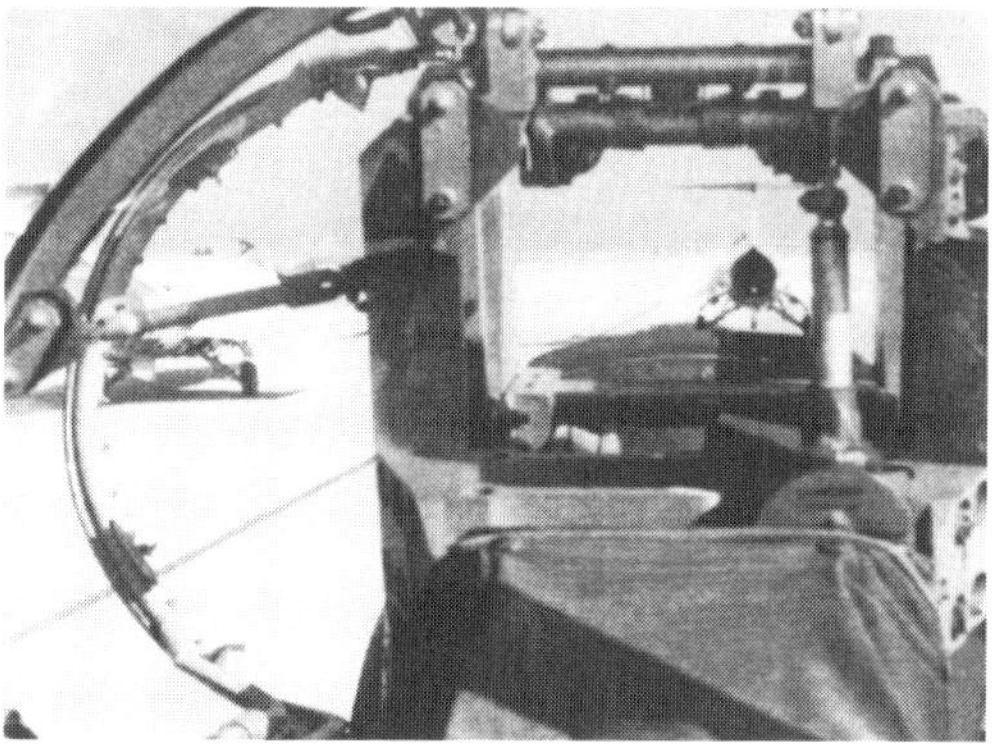

那覇基地でＦ104ＤＪに同乗

まず、我が飛行隊専属の要撃管制官が、気温が20℃を超えた温かい沖縄から、一気に初冬の北海道へ飛んだため、風邪をひいてダウンしてしまったのです。

おまけにファントムまでもが風邪？　をひいたらしく、ハイドロ系統や電気系統に不具合事項が多発しました。大東亜戦争で、満州からいきなりニューギニア方面に移動した陸軍航空部隊が、戦線にたどり着く前に次々とトラブルに見舞われて戦力ダウンした例を思い出しました。

抽選会で、十一月十日午前の第１回戦は２０４飛行隊と一番目に戦うことになったので、朝四時半に起床して機体を点検し、六時から滑走路上で試運転をしましたが、この日千歳には〝清め？〟の初雪が降り一面の銀世界、耐寒服を着ていたものの体の芯まで冷え込みました。戦闘空域に進入する時刻が定められていて、進入時刻が早くても遅くても減点の対象になりますから、離陸時刻に合わせたエンジン始動のタイミングが難しいのです。早めに回せばいいのですが、燃料の一滴は血の一滴でもあります。

いざ出陣！（千歳基地にて）

イ、戦闘開始！

私の後席は黒羽3尉、2番機は落合2尉と高林2尉、正式なコールサインは「エイカス15」と「16」でしたが、空中では「隊長」と「落合」、管制官は「宮地」と呼び合うことにしました。ところが、離陸後に無線チェックを兼ねて「こちら隊長、宮地具合はどうか？」と呼び掛けると「よくなりましたから大丈夫です」と鼻声の返事が返ってきました。

「頼むぞ」と言うと「ハイ、隊長も頑張ってください」と彼は言ったのですが、このやり取りを千歳と三沢に展開している全参加部隊がモニターしていて、「これは305の新兵器の〝隠語〟らしい」と必死で分析したといいますから面白いものです。戦場の緊張感というのは一種異常で、互いに疑心暗鬼になるものなのです。

空域は日本晴れ、規定時刻に進入して敵発見と同時に格闘戦に入ったのですが、なんと私が襲いかかったのは、戦闘を空中で監視する「補佐官機」のF104で、まるで敵に加勢しているような飛び方でしたから騙されたのです。しかし、それは戦場の常、「落合」が敵を追撃していることが分ったので、ただちに彼の援護に回りましたが、決着が付かないまま第1回戦は終わりました。

午後の205飛行隊との第2回戦は、レーダー探知と同時に目視発見しましたから、すれ違いざまに左上昇反転して高度を取り、敵が反転して来るのを待ちました。

超音速ですれ違った瞬間には20㎞以上も離れてしまうのですが、86時代に鍛えた視力がものを言ったのです。はるか後方で右旋回した敵は、私の左下方を通過すると予想して、針路をさえぎるため右旋回して降下姿勢をとり増速します。

敵隊長機の掩護に回るであろう敵2番機との距離は十分離れているし「落合」が牽制《けんせい》しているから心配はありません。敵は私の十時の方向、はるか下方を南下して来ます。絶好の位置に付いたのでアフターバーナーを全開して、そのまま右降下旋回を続けて追撃に入り射界に捉えました。前方1・5マイルという絶好の位置なのですが、機動が大きかった上、至近距離なのでレーダーが補足出来ません。後方に迫る私に気が付いた敵は、急降下して加速し逃げ切ろうとします。すぐ目の前にいるのですがロックオン出来ません。

設想海面は1万フィートですから敵もこれ以上降下加速出来ません。ところが速度計はマッハ1・5からなかなか増加せず、赤外線ミサイルの射程ぎりぎりの距離が縮まらないのです。後席に「オートアクジション」と命じ、自動ロックオンを試みてやっとロックオンしてみると、なんと接近率が徐々に減り始め引き離され始めたのです。小型軽量なF104の加速性能の良さを思い知らされましたが、後で聞いたらエンジン回転数は〝レッドゾーン〟だったといいます。

マッハ1・64に達したところで「宮地」から、「敵陣まで残り10マイル、隊長ブレーク！」と指示が来ました。このまま敵陣に進入すれば、私はSAMによる被撃墜と判定されます。

そこで追撃をあきらめ、私の後方の敵2番機を上昇させて「落合」に落とさせようと思い、高度1万1000フィートから一気に3万7000フィートまで駆け昇りました。この時はGよりも気圧の変化が凄まじく、一瞬、耳鳴りと呼吸困難に陥りましたが、後席の黒羽3尉は苦しかっただろうと気の毒に思ったものです。

さすがに翼面荷重が大きいF104はこの上昇にはついてこられなかったようで、「落合」は食いついたのですが、なんと彼はレーダーが故障してロックオン出来なかったのです。こうして2番機も自陣に逃げ込んだので戦果なく終了したのでした。

ウ、第2日目の戦果

二日目の第2編隊は、1番機「吉永2尉／正木3尉」、2番機「川崎2尉／桑原3尉」の若手コンビでしたが、第1回戦で「川崎」は敵を追い詰めてミサイル発射したものの、着陸後に後席のレーダースコープ記録用フィルムマガジンのフィルム駆動部歯車軸が欠損して回転していなかったため記録されず、無効と判定されました。

午後の第2回戦では、これを挽回《ばんかい》しようと闘志満々で敵を追い詰めた「川崎」でしたが、相手が陣地に逃げ込む寸前に追い詰めて機関砲射撃したものの、自分も敵陣進入を回避しようとしてオーバーGしてしまい、これが決定的なマイナス点となって我が飛行隊は5個飛行隊中最下位に終わったのです

創設二年目の一番若い飛行隊でしたが、〝競技会〟では負けたものの、戦術、闘志とも先輩飛行隊に引けを取らない戦いぶりでした。ところが肝心な場面で器材故障に泣いたため、しょげている整備員達と、オーバーGして責任を感じている川崎に対して、「〝実戦〟では〝競技規定〟は適用されないから全て撃墜に結びついている」と私は慰めたのですが、士気回復にはしばし時間がかかりました……。

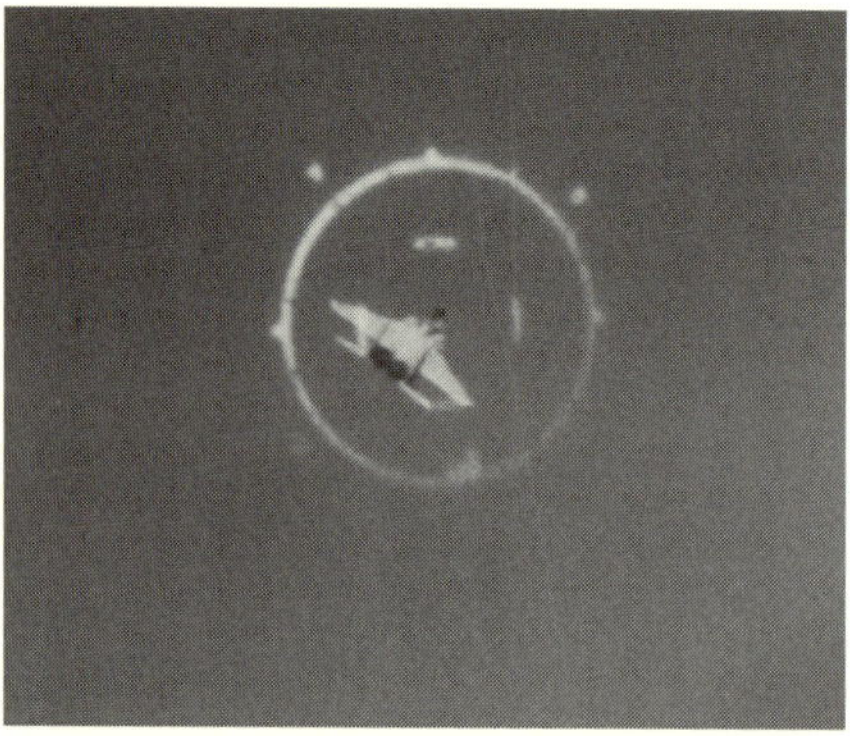

桧垣1尉のガンカメラ映像

(6) 桧垣1尉、米空軍のF15を撃墜

昭和五十六年三月に、三沢基地で日米DACT（異機種戦闘訓練）が行われました。参加部隊は百里の301、305ファントム飛行隊。米空軍は嘉手納の第18戦闘航空団のF15部隊でした。

機体の性能が大きく違いますから結果は見えていまし

たが、我が方の利点は飛行時間2000時間を超えるベテラン揃いであるのに対して、米軍側は、実戦経験豊富だとはいえF15搭乗時間が100~200時間程度の若手が多かったので、私はそこに着目して指導したのです。つまり、相手の編隊戦闘の連携を「分離」させるのです。

F15の編隊長がいかにベテランでも、僚機が未熟だと必ず編隊間に「齟齬《そご》」が生じます。そこを衝《つ》かせたのですが、優秀な部下の一人であった桧垣1尉がそれを実行し、分離した

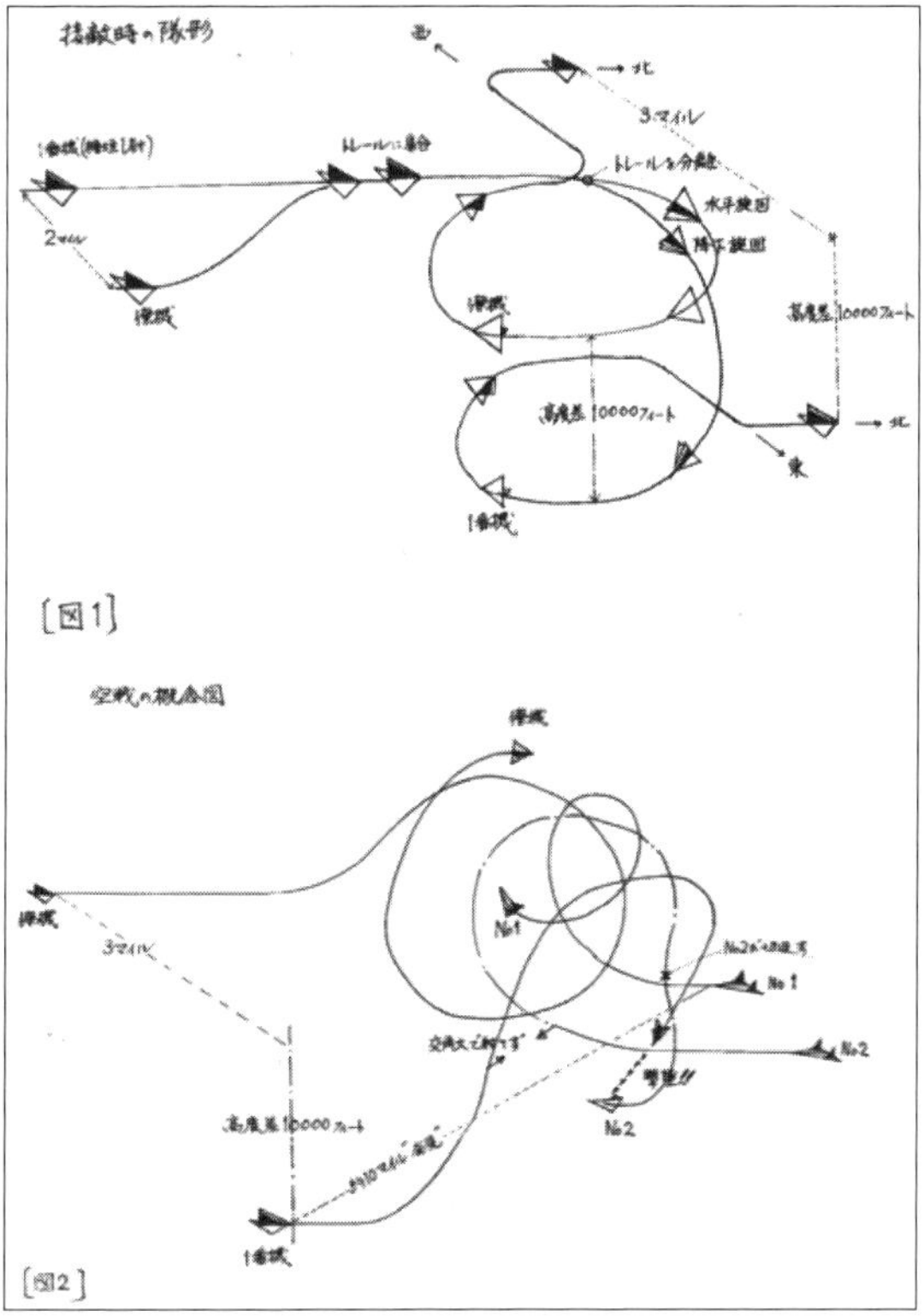

空戦概念図

F15編隊の2番機に接近して、ミサイルではなく「バルカン砲」で見事に撃墜したのです。

旧式機で最新鋭機を、至近距離まで追い詰めて機関砲で撃墜するには高度な技量が必要ですが、写真はその時のガンカメラの1カットです。14コマ（2秒以上）連続していましたから、実戦だったら〝敵〟のヘルメットには200発近くの20㎜機関砲弾が撃ち込まれていたはずです。ブリーフィング後、彼は視察のために来日していた統合参謀本部議長から激賞され握手を求められました。

当時（今もそうでしょうが）の空自パイロット達は、このように研究心旺盛であり、それを実際に空中で示し、同盟国の制服トップから「エクサレント！」と握手を求められる者がいたのです。これは空自、というよりも日本国の宝だ、と私は思っています。

第6章　三沢基地時代

1、F1機種転換（三沢：飛行群司令時代）

昭和六十一年三月、私は三沢基地にある第3航空団の飛行群司令を命ぜられましたが、F1戦闘機のライセンスを持たないので、機種転換教育を受けました。

薄暮、ASM1を搭載して海面すれすれに飛ぶF1

飛行群司令は飛行隊長とは違い、パイロットの親玉ではあるものの、いわば飛行隊を束ねる管理者的存在です。しかし指揮官が、指揮する機種のライセンスを持たないということは、口先だけの指導に陥りやすいので部下は信用しないでしょう。彼等と共に命をかけていないことにつながるからです。

もちろん、同型機種の後席に乗って、共に空中勤務の一端を体験することは〝防衛大臣〟にも出来ますが、それはあくまで〝体験飛行〟に過ぎませんから、その程度では間髪を入れずに状況判断して指揮することは不可能です。

空中での戦い、あるいは緊急事態に際して適切な処置を下すためには、自らの体験に基づく判断力以外にはありません。米空軍が、パイロットの資格がないものを航空団司令に就けない意味はそういう理由なのです。

Ｆ1転換教育中の私

　私は、以前、パイロットではない司令官が〝指揮〟する指揮所で緊急事態が起きた時、それを痛切に体験したことがあります。混乱し錯綜《さくそう》している状況下においても、ただちにその意味するところを掌握して処理することが出来なければ司令官として失格でしょう。特に航空作戦や空中での緊急事態は時間との勝負なのですから。

　そう信じている私でしたが、国産機Ｆ1の性能不足にはただただ驚くほかはありませんでした。これでは貴重な部下達を「マリアナの七面鳥撃ち」のように、犠牲にするだけではないのか？　と考えたものです。

　特にＦ1戦闘機のパワー不足には、元ファントム乗りの私としては非常に関心がありましたから、一日も早く実機を操縦してみたかったのです。

機種転換教育で、F1と同型のT2による飛行訓練を開始したのは五月に入ってからでした。わずか1、2時間の慣熟飛行でしたが、燃料タンクを付けない機体（クリーン状態）であれば、なかなか軽快な飛行が出来ることを実感しました。

2、一生の不覚、あいまいな指示

四月十日金曜日のことです。この日は八時から団司令部で合同MR（モーニングレポート）が開かれ、引き続いて三群司令会同が十時半まで続きましたが、これらの指示事項などを受けて飛行群に戻った私は部下隊長を集めて「〝午後〟の訓練はやめたらどうだ？　昨年度から飛べるうちに飛んでおけという指導でダラダラと飛行訓練を継続してきたが、今日は午後から天候も崩れるという予報である。ちょうどいい機会だから新年度に入って気分を一新し、けじめをつける意味で午後は全員を集めて私が訓示する。何か不都合でもあるか？」と言ったのです。

午後から天候が下り坂になると予報されていましたから、午後の飛行訓練をやめて、精神教育、エイズ教育を実施して、隊員達の顔をまじかに確認しよう、その後は各隊長所定にし、ゆっくり休ませたい、と考えたのです。

隊長達は「了解しました。不都合はありません」と答えたのですが、実はこの指示には大きな落とし穴があったのでした。

昼食後、食堂から戻るとエンジン音がします。不審に思って指揮所に顔を出すと、第8飛行隊のF1が4機、目の前を地上滑走しています。指揮所幹部に「午後の飛行訓練はやめるよう指示したのに8飛行隊は飛ぶのか？」と聞くと「幹候（奈良）帰りの二人の技量回復訓練だけやっておきたいそうで、一四〇〇までには降りてくる計画です」というのです。これを聞いてハタと気が付きました。

基地の日課表では「午後」の課業開始時刻は、通常一三一〇（午後一時十分）なので、部下隊長は一四〇〇（午後二時）くらいは誤差の範囲だと考えたのでしょう。しかし私の「午後」の認識は「一二〇〇以降」だったのです……。

そこで私は、旧軍では時刻表示を「1200（ヒトフタマルマル）」などと呼称し、「午前」だとか「午後」などと不確かな表現をしていなかったことに気が付きました。その上「命令の復唱」も忘れていたのです。

ですから、あの時、隊長達は「了解しました」とは言いましたが、〝午後〟と復唱しませんでした。彼らの頭の中は「午後＝1310以降」のままだったのです。

指揮官たる自分が明確な指示を出していなかったことに気が付いたのですが、時すでに遅しでした。

その上、普段ならば目の前を地上滑走している4機を見た時、「ただちに引き返せ」とマイクで呼び戻したでしょうに、この時ばかりは「私が命令することは越権行為だし、交代したばかりの新隊長の面子《メンツ》は丸つぶれになる。金曜日の今日、幹候帰りの技量回復訓練をキャンセルすると土曜・日曜と二日訓練を休むことになるし、月曜が天候不良だと四日以上飛べなくなり技量回復が遅れることになりかねない。また、隊員達は私の精神教育を楽しみにしている……などと思っていたが、それは自分の自惚れで、実はいやいやながら聞いているのではないか?」などという、色々な感情が一瞬頭をよぎったのです。そこでいったん取り上げたマイクを机上に置きました……。

そうしているうちに4機は滑走路に進入し、見事な隊形で1253に2機ずつ編隊離陸していきました。

ぐんぐん東へ伸びていく排気煙を眺めながら、隊長時代は良かった、群司令なんてつまらない。特攻隊を送り出した旧軍の指揮官達も、こんな気持ちだったのではなかろうか? などとフト思ったのですが、それが2番機・田崎啓介3尉の見納めでした。

3、事故発生! 好青年を失う

群司令室に戻り、溜まっている秘文書などに目を通していると、突然天井付近から《ベイルアウト！》という声が聞こえたような気がしました。

思わず天井を見上げましたが何の変化もありません。ドアを開け放していましたから、指揮所のラジオなどが聞こえています。

どうも今日の自分はおかしい。随分弱気になっているが疲れているのだろうか？　と思いつつ再び文書に目を通していたその時です。突然指揮所のラジオがうるさくなり、ざわめきが起きたのです。

そして運用幕僚が飛び込んできて「ライガー23（田崎3尉機）と交信が途絶えました！」と私に報告しました。一瞬腰が浮きかけましたが、部下に慌てた姿は見せられません。

「ラジオアウトじゃないの」などととぼけたふりをしつつ指揮所に向かうと、無線機から「ライガー23」と懸命に呼び続ける編隊長のヴォイスが飛び込んできました。

海上にはこの地方特有の「やませ（海霧）」が一面に広がっていて、上空にも雲が広がっていましたから、編隊長はその隙間を利用して、2機ずつに分かれて第1編隊に第2編隊が襲いかかり、それを回避するという回避行動訓練をしていたのです。

第1編隊の2番機が襲われるのは空戦の鉄則ですから、田崎3尉はその回避操作中に徐々に高度を失い、海霧に突っ込んだものと思われます。海霧の頂上はわずか1000フィート（約300m）ですからヴァーティゴ状態（空間識失調）に入れば脱出の余裕はなかったでしょう。

「ただちに捜索準備」を命じると、団司令から「ROC（救難指揮所）を開設した」と電話が来ました。

千歳救難隊のヘリが出動し、海霧をかき分けて海上近くに降下して捜索しており、救難装備品の一部が発見されたのですが、状況は絶望的でした。

四時すぎに捜索から戻ったヘリが着陸しましたからそばに行くと、回収されたハニカム構造の機体残骸の一部が地上にガラガラと下ろされます。

ヘリに近寄ってきてそれを見た整備員達の肩が急速に丸くなっていきます。人間、落胆するとこうなるのか、と思いました。

ヘリの乗組員に「英霊は回収出来たか？」とそっと聞くと、「お待ちください」と言います。ローターの回転が止まり、ヘルメットを取った機長が「群司令、このたびはご愁傷《しゅうしょう》様です」と言い、遺体の一部が入った折りたたみ式のポリエチレン製簡易バケツを捧《ささ》げ持ってきて手渡してくれました。

私はそれを受け取り、中を確認して英霊に対して黙とうを捧げ、近付いてきた衛生隊長に渡すと、彼は捧げ持ったまま救急車に乗り込みます。

ヘリの乗員と整備員達もその場に直立します。何とも悲しい虚しい瞬間でしたが、24歳の健康そのものの青年が、わずかな遺骸となって戻ってきたのがやりきれませんでした。この時、ちょうど近海で訓練中だった私の同期が指揮する海自護衛隊群は、訓練を中止してただちに捜索救難活動をしてくれ、多数の破片と遺体の一部を収容した後、八戸港に入港して、海軍式の葬送礼で亡骸《なきがら》の一部を届けてくれました。

その夜遅く、簡易な祭壇が設けられている医務室に出向くと、亡骸は壺に入れてありましたが、その前には飛行班長の窪田3佐が蹲《うずくま》っていました。

衛生隊長が入って来て、「壺の中にはわずかですが髪の毛を束ねて入れてあります」と私の耳元でささやきました。皮膚の一部に毛髪が残っていたから、それを納めてあるというのです。火葬してしまえば何も残りません。「ありがとう。よくやってくれた」と礼を言いましたが、彼は防衛医大卒の2期生でした。

翌日は目が回るほどの忙しさでしたが、事故調査も進展し、葬儀準備は滞《とどこお》りなく進み、土曜日に仮通夜、月曜日に本通夜、火曜日の午後に格納庫で葬送式が行われることに決まり、十三日の月曜日午後、ご遺族がはるばる福岡から到着されました。

「ご両親様には五体満足でお返し出来ず申し訳ありません」と声を絞り出して詫《わ》びたのですが、悲しみをこらえて応対される立派なご両親の姿に私の方が救われました。同期の整補群司令も直立不動で立会していましたが、二人とも涙が止まらず、私は自分の涙がまるで〝滝のように〟格納庫の床に落ちていくのを見つめるだけでした。

私は当時47歳でしたから、弱冠24歳で逝った好青年、未婚の田崎啓介は私の人生の半分しか過ごしていなかったのです。なぜ年寄りから先に命を奪わないのか、と私は天を恨《うら》みました。

4、劣勢機でいかに任務を遂行するか！

三沢基地の最大の特色は米軍との共同基地であるということです。軍事関係者としては願ってもない恵まれた環境であり、当時も頻繁に共同訓練を行っていましたが、中でも「空中戦闘訓練」は、劣勢機の乗員としては大いに研究のし甲斐がある課目の一つでした。

F16戦闘機2機対F1戦闘機3機というのが通常の訓練パターンでしたが、武器管制装置など、搭載機材の優劣はもちろん、飛行性能の差があまりにも歴然としているので、相手をしてくれる米軍パイロットにとってはあまり成果はなかったようでしたが、我が方は全てが成果につながりました。

幸い私には、ファントム戦闘機隊長時代に、三沢で行われた日米共同訓練で、前述したように当時最新鋭のF15戦闘機と相間見《あいまみ》え、これを撃墜させた経験がありましたから、3空団の若手にも色々な戦法を指導していたのですが、ある日その成果が現れてF16を見事に撃墜したのです。

それは我々が「目くらまし戦法」と呼んでいた戦法で、超音速で飛行する3機のうちの2機が密接な編隊を組み、相手のレーダーには「2機」としか映らないようにしたものでしたが、まんまと引っかかった「敵」が、「3機いるはず」の他の1機を探しているうちに、分離した機が急接近してこれを撃墜したのです。

しかも〝撃墜〟されたのは、432戦術戦闘航空団司令・ライアン大佐でした。降りてきた彼が、「カーネル・佐藤！　ユアF1、ナイスファイティング！」そう言うと、背中にミサイルが突き刺さる真似をしながら私にウインクしたのです。

F16のレーダーの盲点をついて後ろに回り込んでミサイル発射に成功したのは、中名主直人1尉ですが、彼は「ファイターウエポン課程教官」でしたから格闘戦の専門家、当たり前といえばそれまでですが、劣勢のF1で高性能のF16、しかも司令官搭乗機を撃墜したのですから昔だったら金鵄《きんし》勲章ものです。

その後〝ぺろぺろキャンディー〟を舐めながら、彼とデイブリーフィングしていたライアン大佐（のち、大将に昇進）の姿が今でもまぶたに焼きついています。このように、実戦訓練で米軍大佐を撃墜するほどの実力者が空自には揃っていました。

本来ならば、私がライアン大佐の相手をすべきだったのですが、残念にもF1転換教育中の〝学生〟の身でしたから、部下達の健闘に賭けるほかなかったのです。

Ｆ１とＦ16の編隊飛行

私はこんな優秀な部下達にＦ１ではなくせめてＦ16並みの高性能機を与えてやりたく思い、国産のＦＳＸ開発事業に大いに期待していたのですが……。

しかし、こんな「目くらまし」戦法は長くは続きません。米空軍の長所は、ただちに教訓を生かして対抗策を取り入れるところにあります。その次からはＦ16はレーダー上で確実に「３機」と判別出来ない場合は格闘戦に入らず、いったん空域を離脱する戦法を取りましたから、中名主１尉の戦法は封じられてしまいました。もちろん実戦では相手の機数は不明ですから、通用すると思ってはいますが……。

私は平成二年三月に再び第３航空団司令、兼三沢基地司令として着任しましたが、Ｆ１という国産機はすでに時代遅れになっていることを痛感しました。

中央では〝国産〟のＦＳＸ開発計画が進んでいましたから、私は部下達に対して「いずれＦ１より高性能な機体が開発される時が来る。その時のためにも、大いに頭を使って戦法を研究しておけ」と指導しました。

しかし、器材の優劣の差はいかんともなしがたく、ついに、米軍指揮官から「F1・3機では意味がない。6機でやってほしい」と言われた時は、悔しさを通り越して怒り心頭に発したものです。大東亜戦争末期の、我が最前線の航空部隊の悔しさを肌身で感じたからです。それでも私の部下達は、悔しさを抑えて真剣に戦法を研究しました。

今や近代空軍の主力は「ステルスと無人化」に移っています。空の戦いに休みはないのです。近代科学の集大成である空軍は、研究開発に遅れをとってはならないのです。

5、米空軍のF16に体験搭乗

(1) 9Gを10回体験！

平成三年六月二十七日、この日はあいにくの雨模様でしたが、米空軍のF－16戦闘機に体験搭乗することが出来ました。

午前九時半に庁舎を出て、米軍のフライトルームに向かうと、まず、シミュレーター室に案内され、概要説明の後ただちに操縦訓練に入ったのですが、F16独特の≪サイドスティック（操縦桿のグリップだけが、右側面に付いている）≫は独特の感触でした。

今までのように左右の膝《ひざ》の間で前後左右に作動する操縦桿ではなく、右手でグリップを握ってもほとんど動かないフライバイワイヤー方式ですから、動かない棒切れを握りしめるような

F-16シュミレーター“神風アタック！”とF-16のコックピット（右下に見えるのがサイドスティック）

もので、自分の意思を動翼に伝えようと左右に動かしてもグリップは動かないのです。しかし私の掌《てのひら》の〝圧力〟は操縦桿に伝わっていますから、コンピューターはその圧力分の量を動翼に指示するのですから、その感覚に慣れるのには時間がかかりました。

シミュレーターが作動し始めると、正面にスクリーン画像が展示されます。離陸して上空で水平飛行に移ると簡単な操作法を教えられます。それに慣れると次にソ連のTU－16が出現します。それを撃墜せよというので射撃パターンを設定して接近するのですが、接近速度の感覚が掴めず、おまけにコントロールが安定しないので、〝体当たり〟をしてしまいました。

教官と整備担当軍曹が大笑いして「お～カミカゼ～」と叫びます。よほど特攻隊が怖かったのでしょう！

何度かするうちに慣れてきましたが、やはり操縦感覚を会得《えとく》するには至りませんでした。約1時間のシミュレーター訓練を終えてフライトルームに戻ると、メンバーが集合しています。飛行前ブリーフィングの何とも細かくて〝しつこい〟こと！

熱心で真面目だと言えばそうですが、我が部隊では、編隊長のブリーフィングを受けて、質問があれば質疑に入る〝ア・ウンの呼吸〟的な簡潔なものですから、米軍はとにかく入念なので感心しました。

とりわけ対地攻撃目標に対する説明は詳細で、訓練攻撃目標である秋田県男鹿半島の八郎潟にかかる橋梁《きょうりょう》については、空中写真と目標の写真が貸与され各人が膝当板に写真帳のように挟んでいるのです。

第2目標は車力村《しゃりきむら》の我が高射隊ですが、これも進入経路や目標が写真で示されています。偵察部隊が事前に偵察した写真を部隊に配布して実戦的に訓練しているのです。ただ、車力の高射隊の写真はまだナイキJのままでしたが……。

私が搭乗する機の前席パイロットは、Randy L Bartel大尉でしたが、冷静そうな31歳の若者でした。

ブリーフィングが済むといよいよ実機に搭乗です。4機が単独で離陸するや、それぞれ陸奥湾に向かい、下北半島の中ほどにある天ケ森《あまがもり》対地射爆撃訓練場に西から超低高度で進入します。

周到な事前ブリーフィングと装具装着

この日は、訓練爆弾を8発搭載していて、最初の2回はカメラミッション（実投下せず）、その後連続して8発投下するのです。

陸奥湾から下北半島の付け根を東に通過してポップアップし、目標を確認すると若干高度を取ってそのまま突っ込むのですが、射撃後の回避行動の凄まじさには驚きました。

攻撃後、離脱の際に地上から反撃されるのが一番危険です。特に今では携帯SAMが主流ですから、もたもたしていたら身の破滅です。そこで爆撃後ただちに回避操作に入るのですが、それは急上昇するのではなく、むしろ高度を下げつつ左に急旋回して海岸線すれすれに北上するのです。その時に9Gかかるのですが、これは体験しないと理解出来ないでしょう。53歳の誕生日を前にした私には堪《こた》えました。しかし同盟軍パイロットに日本の空軍少将が馬鹿にされてはなりません。懸命に後方の目標をふり返って、白煙が上がるたびに「ナイスシュート」などと褒《ほ》めねばなりません。この間かかる9Gは約8秒に過ぎないのですが、彼は「サンキュー・サー」と答えつつ機体を水平に戻し、再び左に急旋回して陸奥湾に向かうのです。

普段、1G状態の私の体重は60kgですが、9Gではその9倍、つまり540kgになっているわけですから、相撲取りを三人ほど抱えているようなものです。

激しいGで体は動きませんから首だけ回して後方を確認するのですが、内臓にも平均的に負荷がかかりますから呼吸も困難です。もちろん手足は押さえつけられて持ち上がりません。

Gが抜けるとすっと平常に戻るのですが、これに耐えるのは精神力と筋力しかありません。これを10回繰り返したのですが、さすがに5回目以降は、首が回らなくなったので、正面を向いた姿勢のままバックミラーを覗き「グッド！」とか「ナイスヒット！」などと口だけ合わせていました。そのたびに彼は「サンキュー・サー」と繰り返していましたが、確かに全弾命中していました。

⑵ F16の後席で操縦体験

対地射爆撃が終わると、十和田湖上空に進出して、間隔を大きく開いて八郎潟に向かいます。しかし、5分ほど南進すると、一斉に右か左に90度ずつ2回方向変換して、さらに南進するのです。これは後方警戒訓練なのですが、米軍では隊長クラスの大佐か中佐が、単機で彼等を狙って攻撃してくるからです。つまり『送りオオカミ』が出現するのですから、なかなか実戦的だなあと感心しました。レーダーサイトの支援もありませんから、彼等も視力が頼りです。いくら兵器が進歩しても、やはり最後は自分自身の視力と経験が頼りだと確認出来ました。この日は大佐が〝送りオオカミ〟でしたから、彼等は必死にこれを編隊で防御しつつ、目的地に向かいました。

送りオオカミを撃退した後、八郎潟に接近した時彼が特別サービスしてくれると言います。目の前には四角いスコープが付いていていて、地上ではTVカメラとして前方を映し出していたのですが、上空で切り替えると、なんと、地上の情景が詳細に映し出されるのです。

下方はべったり雲に覆われていて視界零でしたが、スコープには道路や橋は「線」で、橋の上を通過している車などは「輝点」で表示されるのです。

少し大きめの「輝点」は何だ？　と聞くと、いわゆる「バス」だと言います。イラク戦争中にTVで報道された照準器の画像そのままなのです。そして自分の目標はこれだ、とカーソルを動かして橋梁にロックオンしました。使用爆弾はレーザー誘導爆弾です。

4機が次々に攻撃して八郎潟を通過すると、一斉に右旋回して次の目標である車力に向かいましたが、車力は好天でしたから、山間を低高度で飛行してレーダーを回避します。この時に偵察情報の写真が生きてくるのです。

ターニングポイントを次々と通過して、目標である車力のミサイルに向けて、東側からそのまま進入します。こんな山間を低高度飛行する米軍機を見た〝反戦グループ〟が新聞社に電話するのでしょう！

目標攻撃を終えると、今度は一斉に右急上昇して津軽半島を横断して陸奥湾に抜けます。ここで4機は2機ずつに分かれましたが、いきなり「ジェネラル、ユーハブ・サー」と前席から言われて私が後席で操縦することになりました。

「アイハブ」と言って、スティックグリップを握ると、それだけでロデオのように機体が飛び跳ねます。しばらく1番機について飛ぶと、私を凝視？　していた1番機パイロットが頷き、編隊を組めとシグナルします。

2機編隊を組んだのですが、緩徐《かんじょ》な飛行に慣れてきたとみた1番機は、徐々に大きな動きに移り、やがて編隊を組んだままアクロバットに近い飛行をします。

しかし、まだまだグリップの握り方が不慣れですから、ピコピコと小刻みな動きが収まらず、上腕部にどうしても力が入ってしまいます。そっとグリップから手を離すと「褒められる」のですからやり切れません！

やがて基地に戻り、２機の密集隊形のままで着陸経路に入り、一度ロウアプローチをして着陸復行後編隊を解き単機で着陸するのですが、ここでも思わぬ事態になりました。

F 16で飛行中の私

タッチダウンポイント上空を通過したまでは良かったのですが、復行するため編隊を組んだまま増速します。ところがF16の加速性能は〝強烈〟で、スロットルを出した途端体が座席に押し付けられました。F16の座席は約20度後ろに傾斜しているので体を押し付けられた私の左手が、脚レバーに届かないのです！　何とか……と努力するのですが届かない！

その時前席から「ジェネラル！　ギア・アップ・サー」と指示されたので「アイム・ヴェリー・ビジー。ゴーアヘッド！」と言うと、「イエス・サー」と言って脚ハンドルを上げてくれました！

着陸後、その状況を大尉に話すと「背当てはありませんでしたか？」と言い、装具係の軍曹に聞きます。軍曹が「ノーサー」と言うと彼は、自分のバッグの中から「小型の座布団」ほどのクッションを取り出して見せ、「この背当てがないと腰痛になる。家内の手作りだ」と言います。そこで私も「さては私をぎっくり腰にする計画だったな！」と言うと軍曹が敬礼しました。

９Ｇ体験証明書

そこで大尉に「科学先進国の米国らしくない。角度のついた座席は上空では攻撃の際にしか使わず、後はクッションで補っているとは情けない。Ｇに同調して座席の角度が変化するようになぜ作らなかったのだ」と言うと、「これはトップシークレット！」と言って彼等は大笑いしたものです。

当時の最新鋭機であるＦ16搭乗体

着陸後に大尉と軍曹に囲まれて

験記ですが、フライトルームに戻ると、写真のような「9G体験証明書」をもらいました。

いかにもヤンキーらしい茶目っ気たっぷりの証明書ですが、今ではいい思い出になっています。

第7章

航空安全管理隊司令時代（立川）

1、部下の事故調査に当たる

平成三年七月、突如転勤となり、立川にある航空安全管理隊司令を命ぜられました。

この部隊は、事故調査と安全教育を担当する少人数の飛行安全担当部隊でしたが、皮肉にも、三沢基地転勤直後に私の部下の事故調査をすることになったのです。

三沢転出にかかわる人事の裏については知りませんが、第3航空団ではすでに飛行群司令と基地業務群司令の転出が決まっていましたから、私はそれを基準に指導していたところ、なぜか突如私も転勤になったのです。

飛行部隊ですから、人事異動は部下達の心理に大きく作用します。≪人事異動期に事故は起きる≫というジンクスを信じている私は、降って湧いた転勤に、部下達を動揺させまいと意識したのですが、飛行部隊の指揮官である私と、パイロットの親玉である飛行群司令が同時に転出することになった上に後任者は不在です。

その上さらに2個飛行隊が全力で出撃する演習が課されたのですから、飛行群司令と二人で事故防止に「万全を期す」努力はしたものの、一抹《いちまつ》の不安を抱いて二人は三沢基地を後にしたのです。ところがなんということか、東北自動車道を南下している最中に、カーラジオが「三沢基地で事故が起き、T4が1機墜落」と報じたのです。

普段あまり慌てない私でしたが、この時ばかりは「ついに……」と動揺しました。旧軍時代から言われてきていたジンクスが当たったのですから。

演習統裁部《とうさいぶ》が、演習空域の天候偵察のためT４機種転換教育中の１機を計画外で飛ばせたのですが、これがなぜか海面に突入してしまったのです。

航空安全管理隊の調査部はただちに出動して調査に当たっていましたから、着任式もそこそこにT４機に関する資料を提出させました。

実は私は三沢基地に配属されたT４機の機種転換をさせてもらえなかったため、全くこの機体に関しては未知だったのです。

調査概要が分りましたが、私にはどうしても分からないことがありました。操縦者が高度判断を誤ったとしか思えなかったからです。事実中央でも、パイロットの高度判定ミスだとされつつありました。しかし、海面が接近しつつあるにもかかわらず、回避操作をしないパイロットがいるはずがありません。それは、海面が接近していると自覚出来なかった何かがあったからではないのか？　つまり、高度判定を誤ったのは、高度計がおかしいのではないのか？　と私は考えました。

その後、徹底的な調査が行われたのですが、決定打がありません。

メーカーは自社の責任ではないことを〝祈りつつ〟協力してくれていますが、新造機ですか

機首先端の棒状部分の先がピトー管

ら、どこかに誰も気が付かない不具合がある、と私は感じました。

そこで三沢基地のパイロットに状況を聞いたのですが、やはりパイロットの高度ミス以外には考えられないと言います。

ところが中のベテランの一人が、Ｔ４は同じ高度でもＦ１に比べて低い感じがしていた、と漏《も》らしたので、ただちに高度計の調査をさせたのですが図面上は異常はありませんでした。

しかし、安全講習を主宰していた某部隊長が、これを聞いてＴ４とレーダー高度計を装備したファントムと編隊飛行をさせて検証したところ、やはりＴ４の高度計が〝危険な方に〟指示していることが分かったのです。つまり、実際の高度は１００フィートなのに、高度計は１５０フィートを指していることが分かったのです。単機で飛行しても分からないはずでした。

そしてそれが実はピトー管（機体の先端に付いた空気圧を測定する器具）の製作過程で出来た傷であることが判明したのです。

ピトー管の新製品を検査したところ次々に傷が見つかったのですが、問題は当該機にも同じものが付いていたかどうかが事故調査の決め手です。

2、海底800mから引き揚げ

そこで海底800mに沈んでいる機体の調査を、外国の専門会社に依頼し、海上から探知機を使って海底を捜索したところ、エンジンなどの大型の物体が3個に分かれて一直線上に相当な距離を置いて水没していることが確認されましたから、かなりの高速だったこと、及び機体が水面を叩いてスキップしたことが推定出来ました。

マニピュレーターが撮影した深海底のヘドロの中に、破壊した胴体の一部が映っていて、破損した操縦席の中に前席操縦者の飛行服が昆布のように揺れているのを見た時、私は涙を堪えきれませんでした。

部下の骨を拾ってやらねばならない！　そう考えた私は機体を引き揚げて調査したいと上申したのですが、予算がないと言います。懸命に陳情してようやく認められたのですが、今度はサルベージ会社を選定しなければなりません。なんだかんだと時間だけが過ぎていき、海没海面周辺では恒例の冬場の強い西風が吹き荒れる時期になってしまいました。

業者は悪天候の中で懸命に作業してくれましたが、エンジンや車輪などの大物はかなり引き上げたものの、肝心のピトー管は見つかりませんでした。

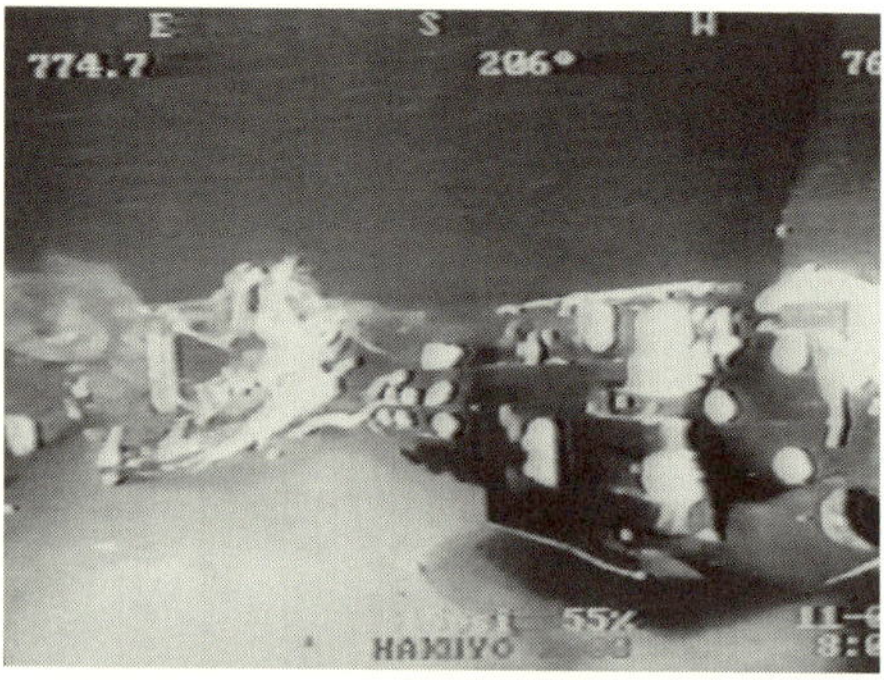

800mの海底から（VTRからスクリーンショット）。残骸に接近するマニュピュレーターのハンド（右）

事故調査としては「特定」には至りませんでしたが、「ほぼ特定」出来ました。

製作ミスは単純なものでした。このピトー管の構造は、静圧と動圧を測定する穴が開いた先端部分と、機体取付け部、及びその中間部分のパイプという三つの部品で構成されているのですが、先端部分を取り付ける時、静圧孔《こう》の向きがずれないように接着しようとして、静圧孔にピンを差し込んで固定していたというのです。

作業が終わりピンを抜く時、孔《あな》の周りに〝バリ〟といわれるわずかな傷が棘《とげ》として残っていて、空気が乱れて正確な静圧が測定出来ず、高度が低いにもかかわらず実際は高く示していたのです。

整備員とパイロットが飛行前点検の際に素手《すで》で静圧孔をさすっていれば、棘に気が付いたことでしょうが、パイロットも整備員も普段は手袋をしていますから、気が付かなかったのでしょう。まさに盲点でした。

製造工程で会社がこのような「仕掛け」を作ったのは、正確性を期する「善意」だったと思います。しかし、管理者の指導は不適切だったとしか言いようがありません。

これは「航空機」という特殊な製品の製作過程で起きたものであり、恐らく作業員達は自分が製作している「部品」がどこで何に使われる部品なのか知らなかったのだと思います。これが例えば車でしたら、作業員は自分も免許証を持っているでしょうから、何に使われるのかよく自覚して製作していたはずです。

航空機製造会社の作業員には、ピトー管がT４機の速度測定のための器具だとは知っていても、そこについている孔がどんな働きをするのかについてもよく教えておくべきでした。

それを周知徹底させるのが指導者の責任なのですが、最近の会社幹部には技術畑出身者よりも、文科系、しかも経済を専攻した方が多いようですから、誰も見抜けなかったのでしょう。ですから日本社会では、恐らくこのような不具合はしばしば続くのだと思います。福島第一原発事故のように……。

私としてはかっての部下達の骨を拾ってやることは出来ませんでしたが、前席操縦者の飛行服は回収出来まし

垂直尾翼の飛行隊マークと機体番号が悲しい……

た。そして摩訶《まか》不思議なことに、長期にわたった捜索活動最終日に、襟裳岬の海岸に後席操縦者の身分証明書が流れ着いたのです。

何とか仲間達に自分の証《あかし》を届けたい、そして残された夫人と幼子《おさなご》に、遺品として届けたい、と思ったに違いありません。

3、事故調査に思い込みは厳禁

事故調査には、「思い込み」は厳禁です。白紙の状態で、丹念に調べないと、思わぬ間違いをしてしまいます。

T4墜落事故では、主翼や胴体の一部などが海上に浮いていましたから、それらの回収した証拠物品から、概ね海面に衝突した時の状況が「推定」されていたのです。

そしてその破損状況を見ただけで、パイロットが高度を誤って、海面接近に気が付くのが遅れてそのまま突っ込んだ、という推定原因が生まれていたのです。それもパイロットの中にそんな説をとるものが多かったのが不思議ですが、そうなれば、パイロットではない者達はそれを信じることになりやすいでしょう。

私には、殉職した二人はそんな〝のろまな〟部下ではないことを知っていましたし、天候偵察を終了して基地に帰る途中で、雲間を縫って急降下して海面に突っ込むことなどあり得ないと信じていました。そこで機体の引き上げを要望したのですが、洋上に漂《ただよ》っていた主翼など多量の回収品の損傷状態から、「海面にある角度をもって突入した」とほぼ断定されかかっていました。確かに回収した主翼の損傷部分を見た限りでは、海面に突っ込んでいることは明らかでしたが、コックピットの中で操縦桿を握っている者の一人として、経験上そんな飛び方をするわけはないと信じていたのです。

引き揚げられた残骸を調査する事故調査係官

海底から引き揚げた残骸の中に、胴体後部の尾翼部分がありましたが、そこには、水平尾翼は上げ舵最大であったことが記録されていました。つまりパイロットは、計器高度に反して海面が急接近して来たので、回避しようと操縦桿を手前いっぱいに引いていたことが証明されたのです。

機首は海面すれすれで上昇に移ったのですが、機体が沈下していたため尾部が海面に接触し、反動で海面を二度ほどスキップしながら、最後に機首から突っ込んだことが判明したのです。尾翼の破損状態が明らかにそれを示していました。

海面に浮いていた主翼などの損傷は、最後に海面に激突した時の傷だったのです。警察の事件捜査でも、証拠品が多いとつい気が緩んで、肝心なものを見失いやすいと言われているのはこのことでしょう。

調査官は、先入観を持つことなく、白紙の状態で調査に当たらねばいけません。

4、安全管理の意義

自衛隊戦闘機パイロットの「飛行安全」は、何事にも「安全第一」という消極的な意味ではありません。平時に「事故防止」が強調されるのは、いつに「戦力喪失防止」のためなのです。

ここが、民間航空との大きな違いです。民間航空、特に運航関係者には、〝絶対〟安全が要求されていて、彼等はそれを確保すべき使命があるのです。

韓国で起きた旅客船沈没事故のように、関係者が素人以下の判断力と意識しか持っていないのは、安全管理以前の問題です。ましてや全責任を持つ船長が真っ先に生還したのですから、異常だとしか言えません。

お客さんから、高価な運賃（最近は安くなったようですが）を取っておきながら、そのまま天国？　地獄？　に行き先を変えるのじゃ乗客はたまったものじゃないでしょう。

しかし、国防の任に就く自衛隊のパイロットには、いざという場合に敵よりも技量が落ちないように高度な訓練が要求されています。

万一戦争になった場合、負けるようでは存在意義がないからです。平時において特に安全が強調されるのは、パイロットや整備員達のちょっとした油断から、貴重なパイロットと機体を喪失して「戦力不足」にならぬよう配慮するためのものです。大東亜戦争時もそうでした。

旧海軍航空部隊が、平時の訓練で喪失した戦力（パイロット及び機体）は、昭和十六年から二十年までの間で、全喪失に対する割合は平均65％だったと言います。つまり、敵と戦う前にその貴重な戦力の65％が失われていたのです。

帝国陸軍の場合もかなり非戦闘喪失が高いのですが、それは①予想戦場が大陸（脅威がソ連）だったこと。②研究開発が遅れていたこと（過大な精神力が期待されていたこと）。③整備技術水準が低かったこと（当時の自動車運転手は1級の技術者であった）。④航空要員養成時（教育システム）の不備。⑤航空事故未然防止思想の欠如（航空活動自体が未知）だったからだと言われています。つまり陸軍の思想が「航空部隊は補助戦力」に過ぎなかったからだと言えそうです。

他方米軍の方も第2次世界大戦では50％が非戦闘喪失であり、朝鮮戦争では32％だったという記録がありますが、それをカバーするだけの国力があったのです。

今、大軍拡を遂げている隣国の中国は、どの程度なのか非常に興味があります……。

第8章

第4航空団司令時代（松島基地）

1、ブルーインパルスをT－2からT－4へ

(1) 人間の能力の偉大さ

立川の航空安全管理隊司令としての勤務期間は約十か月でしたが、非常に有意義な体験をしたと思っています。

退官後、フリーになった今、各地で起きている各種事故などについて、この時の体験を当てはめてみると、ほぼ間違いなく原因が推察されるので大いに自信が付きました。

T2ブルーとT4ブルー

立川から、次に航空教育集団司令部（浜松）の幕僚長に転出しましたが、ここは、航空自衛隊の幹部候補生学校、飛行教育団におけるパイロット育成、術科学校で整備や補給、通信電子など専門隊員の育成、新入隊員を養成する新隊員教育隊など、航空自衛隊の全ての教育をつかさどる大きな部隊です。

私が大昔、パイロットになるため〝しごかれた〟懐《なつ》

かしいところでもあります。ここで私は初めてT4の機種転換教育を受けたのですが、三沢で起きたT4の事故調査の無念さを思いつつ飛び回ったものです。

そして約二年の幕僚長勤務の後、隷下《れいか》部隊である第4航空団司令に転出しました。三沢という戦闘航空団の司令に続いて松島の教育航空団でも司令を務めるという、二度目の航空団司令勤務です。

この頃の松島基地では、航空自衛隊の代表的存在であるブルーインパルスチームが、使用しているT2型機から新鋭のT4型機に交代する準備事業が継続されていましたから、私の任務は、T2型機を無事に引退させて、新造機であるT4を使った新生ブルーインパルスを世に送り出すことにありました。そこで、この事業を推進する間に起きた体験を紹介しましょう。

松島基地では、連日現役のT2チームと、後継のT4チームが飛行訓練中でした。概ね月に一度の割で、私はチームの訓練に同乗して検閲します。共に練習機で複座ですから、後席に乗るのですが、まず、T2のリーダー井出方明2佐の後席に乗って驚きました。

単独機2機を含む6機編隊のリーダーとして、その操縦は最も安定したものでなくてはなりません。

例えばループ（宙返り）一つとっても、教範の諸元通りでなければ、僚機は苦労します。ところが後席で見ていると、諸元通りで+－1ノットの狂いもないのです！

T－2ブルー飛行中の私

人間、やればやれるものだ！　と痛感したのですが、それは単独機であれば、このくらいの違いは〝誤差の内〟だと自分自身で〝許容〟出来ますが編隊長はそうはいきません。僚機の命がかかっています。そこで自分に厳格になりその結果として諸元が極めて正確になるのだと実感しました。

2番機、4番機、それに単独機とほぼ全ての位置を体験しましたが、地上も空中も変わらぬ雰囲気が漂っていて、「人馬一体」だと感心したものです。

86FでもT2ででも、名人の集まりであるブルーインパルスであるにもかかわらす事故が起きていますが、その原因は、機体の不具合というよりも、人間関係、つまりチーム・ワークにあることが確認出来た思いでした。

実は松島基地に着任する前に、金華山沖で墜落事故が起きていたのですが、私は航空安全管理隊司令として事故調査に当たっていたので特にこれを痛感しました。
この事故に関する記述は『ブルーインパルス：大空を駆けるサムライたち』（武田頼政著：文芸春秋刊）に詳しく書かれていますから、関心がある方はお読みください。

2、T4ブルー育成時代の思い出

(1) ハートに〝矢〟を撃ちこめ！

私が着任した時は、T4ブルーの設立準備室が立ち上がっていて、ベテランの田中光信3佐が取り仕切っていました。小回りが利き、操縦性能も昔の86Fに似たT4は、純然たる練習機ではありましたが、機動性の悪いT2に代わる国産機として期待されていました。演技科目も諸外国のアクロバットチームに負けないものが次々と考案され、地上で十分検討された後、徐々に空中での実証飛行に入ります。

もちろん育成中のT4ブルーの訓練にも同乗しましたが、最初に乗ったのが単独機だったこともあって、T2との機動の差はありありでした。

T2は〝鈍重《どんじゅう》〟ですから間を持たせないように演技を組むことが必要になるのですが、T4は軽々と飛び回ります。昔の86Fをパワーアップした感覚とでも言いましょうか、実に軽快な動きをします。T2同様、機会を捉えては順番に位置を変えて同乗しましたが、少し驚いたの

T4ブルー飛行中の私

は「ボントン」といって、6機が一斉にその場でエルロン・ロールを打つ科目でした。リーダーの呟《つぶや》くような「ボントン」というヴォイスが入った途端、一斉に6機がクルリとひっくり返るのですから、ヘルメットをキャノピーに打ち付けそうになって慌てて窓枠を掴んだものです。

次に頭のてっぺんが「ひりひり？」する感じがしたのが、滑走路上を低空背面飛行する科目で、いくらシートベルトをきつく締めていても、体が途中で座席からずれるのです。体が浮くと操縦出来ませんから、操縦者は太ももと腰に跡が残るくらいベルトを締めつけているのですが、私は「同乗者」ですからちょっと〝ゆるんで〟いたのです。

最も印象に残ったのが、単独機2機で着陸前に行う「コーク・スクリュー」という科目で、手を伸ばせば届くような位置で背面飛行する5番機の上下左右を、6番機が右バレルロールで3回半旋転し終わると、2機同時に通常態勢に戻って着陸態勢に入るのですが、この間、エンジンの「ウォーンウォーン」という唸り音が、まるで生きているT４が呻吟しているように聞こえるのです。

「エンジンが苦しそうに泣いているな〜」と言うと操縦者も「そうですね〜」と感心しています。

　こうして連日演練して完成された演技科目が繋ぎ合わされていくのですが、一連の流れが見えてきた頃、たまたま司令室から訓練を眺めていた私にひらめいたものがありました。それは、T２ブルーという旋回性能が制限された機体が描く「ビッグ・ハート」という科目に代わって誕生したT４の「キューピット」でした。

コークスクリュー

　T２の描くハートは巨大ですから「ビッグ」なのですが、T４は小回りが利くので、サラッと描き上げる〝小さいハート〟です。
　そこで私は、からかい半分に「ハートに矢を打ち込んだらどうだ」と田中３佐と共に研究に取り組んでいる小倉貞男３佐に言ったのです。
「司令、冗談じゃないですよ。いくらT４が小回りが利くといっても、完成したハートに打ち込む矢を演じる機体はありません」
と言います。

キューピット

「集合中の何番機かに、ハートに向かって突撃させられるだろう」などと無責任なことを言ったのですが、その時は「考えてみます」とやる気のない答えでした。

ところが数日後に、突然4番機が会場後方から突入してきてハートに槍を打ち込んだのです。この時は驚きました。しかも、一度スモークを切った後、再びスモークを出して、地上から見るといかにもハートを貫いているかのように見せているではありませんか。芸の細かさに感心しました。

これを見ていた街の方々からさっそく反応がありました。商工会長は感激して電話をくれます。そこで部下の上がりで食っている私は「地元・矢本町を象徴した演技を彼等が考案したのですよ」と矢本町の「矢」が貫いていると言ったので大感激！……。

町長からも感激の言葉が届きました。こうして定着したのでしたが、我が部下達の辞書には〝不可能〟という文字はないな！　と感心したものです。

これで調子に乗った私は、ナレーターに「今日ご来場の多くのアベックの皆さんの恋は実るでしょう！」と言ったらどうだ？　と笑わせ、ついでに「今日の来場者はマナーが悪いから、きっと恋は破れるでしょう！」と言って、下方から2機にローリング・クライムをさせて「ハート・ブレーク」を描いたらどうだ？　と言ったのですが、これは二人に無視されました！

(2)鳥との衝突

ある日の午前中、執務中に訓練中のソロ5番機が町の方向へ通過した直後、〝ポン！〟という破裂音が聞こえました。すぐに防衛部から「ブルーファイブが鳥と衝突しました」と連絡が入り緊急事態が発令されます。被害状況を確認せよと指示すると、パイロットのヴォイスは雑音が多いので聞き取れないと言いますから、キャノピーが割れたな？　と感じました。しかし、当該機はすでに着陸態勢に入っていますから、パイロットは無事だと思われます。衝突地点を推定させると付近に幼稚園があると言いますから、キャノピーの破片で園児達が怪我《けが》をしてはいけないと思い、各群司令に「手空き総員に掃除用具を持って集合させよ」と命じ、私は自転車でランプ地区に向かいました。

ちょうど当該機がランプインしたところでしたから、ラダーを登ってパイロットに「怪我はないか？」と覗き込むと柳岡3佐は大丈夫ですと言います。見たところ無事のようですが、キャノピーの半分が破壊して、直径140㎝ほどの大穴が開いています。コックピット内にもアクリル樹脂製の破片が散らばっていましたが衝突地点を聞くとほぼ推定位置と同じですから、集合した「清掃部隊」をただちに現場に向かわせ、副司令を通じて町長に説明させ、もちろん広報班長にも記者クラブに通報させました。

作業服姿で掃除用具を持って町内に繰り出した隊員達を見た町民は、怪訝《けげん》に思ったことでしょうが、幸い地上には被害はありませんでした。

衝突したのは500g程度の鳩でしたが、T4は時速400ノットですから即死でしょう。

通常は前方の風防は鳥との衝突を考えて、十分強化されているのですが、T4のキャノピー(天蓋《てんがい》)は大きめに膨らんでいる上、風防の高さよりも少し上にはみ出しているので、たまたまその部分に鳩が衝突したので破壊したのですが、緊急脱出時には座席ごとキャノピーを破って飛び出すのですから、約6㎜の厚さしかありません。鳥との衝突を考慮してキャノピーの厚さを増せば、脱出時に無理が生じかねませんし、着陸時などに視界にゆがみが生じますから痛し痒《かゆ》しです。

この時取材に来た新聞社は、「自衛隊機、ハトと衝突」「けが人なし・部品の一部が落下」「ブルーインパルス鳥と衝突」「基地に緊急着陸」「風防の一部が破損」などと書いて一件落着したのですが、破片を回収に町内に出た隊員がたまたま〝無断〟で立ち入った宅地の所有者が共産党議員であったため、抗議を受けた助役から「今日の基地上空での訓練は中止してほしい」、コースから外れた鳴瀬町からも「飛行コースを見直してほしい」と言ってきました。もちろん共産党地元支部は「市街地上空の訓練中止」を申し入れてきましたが、無断で侵入したのは鳩の方です。何ら中止する根拠はありませんから続行させました。

その後衝突したのが伝書鳩だったことを知った町の方が、「伝書鳩は高いから賠償額が大変だ！」と言ったので、「今回の事故は基地司令の許可なく空域に侵入した鳩のミスである。飼い主が請求してきたら賠償に応じるが、わが方もキャノピーの損害分を要求する」と言ったところ「いくらですか？」と聞きます。「普通は2000万円くらいですが、ブルーの分は特注なので、その倍くらいはするでしょう」と言うと黙ってしまいました。

その後、メーカーのKHI（川崎重工）は相当研究してキャノピーを改修してくれています。鳥との衝突は、航空界の大きな問題です。民間機が鳥をエンジンに吸い込んで墜落した事例もありますから、何とか防ごうと真剣なのですが、悪いことに飛行場は羽田のように海岸に近いところが多いので海鳥との衝突防止は不可能に近いでしょう。

築城基地時代、86Fで洋上低高度航法訓練で海面上1000フィート（約300m）を時速400ノットで飛行中、突如頭上を黒い塊が飛び去りました。カモメです。

私の右やや前方300mを飛行中の1番機、宮崎2尉が「何か当たった！」と言うと上昇姿勢をとりました。ただちに集合して機体を見ますが特に異常は見当たりません。「右翼の中ほどに黒いものが付いているから見て」というので、右側に移動して右主翼を見ると、前縁に直径30㎝ほどの破壊孔があります。

高度を取り、上空で着陸性能チェックをしましたが、右前縁のスラットが作動しません。緊急事態を宣言して基地に戻り、着陸進入速度を多めに設定して無事に降りたのですが、頑丈な主翼前面にまるで狙ったかのように見事な穴が開いていて、整備員が懐中電灯で内部を照らすと、奥の主桁《しゅげた》にカモメが一羽まるまる引っかかって絶命していました。

取り出すのに主翼分解となれば大事です。どうやって取り出そうか？　と整備員は頭を抱えましたが「トリニク」そうでした！

浜松の教官時代、私もエンジンに鳥を吸い込んだことがあります。学生訓練中、着陸直前に学生が「教官！　鳥です！」と一オクターブ高い声を出したので、すかさず私が「トリ乱すな！」というと、学生は「はいっ！」と答えたのですが、地上の指揮所は大爆笑だったと言います。

ところが着陸滑走中に、滑走路南側で休憩？　していたカモの群れが一斉に飛び立ち、なんと、10羽ほどが滑走路を低空で横切って北側に移動しようとするのです。

時速１００㎞以上で着陸滑走中ですから急ブレーキはかけられません。私の直前を数羽横切った気がしましたが、その時こつん！という感触がありました。ランプに戻る途中、後続機が「滑走路上に雀の死骸らしきものが散乱している」と通報します。間違いなく私が〝轢《ひ》いた〟カモでしょう。

空気取り入れ口の前に、マスクの様にかぶせられているのが地上での異物吸入防止用スクリーン

ちょうどエンジンクーリングをやろうとしていた時でしたから、排気温度計を注視していると針がブレるのです。そこで整備員に伝えてクーリングを省略してエンジンを切りました。多分吸い込んでいると直感したからです。

当時の86Ｆは、空気取り入れ口から1秒間に8畳間一室ほどの空気を吸い込む力がありましたから、地上では異物による損傷を防ぐため、空気取り入れ口の奥のエンジン直前に可動式のスクリーンが装備されていて、５０００フィート以下ではこれを確認するように規定されていましたから、多分引っかかっていると直感したのです。

案の定、スクリーンにカモがマルマル一羽引っかかって窒息死していました。そこへ滑走路点検から戻った整備員が、バラバラになったカモの死骸を持ってきましたから、整備員達は「今夜は鴨《かも》鍋だ！」と大喜び、「佐藤教官、またお願いします！」と言ったものです。

鳥との衝突を効果的に防ぐ方法は困難です。鳥の方から近寄ってくるのは、どうも飛行機は「羽を持った仲間」と勘違いしているからかもしれません。

(3) ブルー・インパルス、無事に交代完了

平成七年十二月八日、この日はたまたま真珠湾攻撃五十四周年に当たりましたが、T2ブルーとT4ブルーとが交代する記念すべき日でした。

その二日前に私はT2ブルーの2番機後席に同乗して、最後の検閲飛行をしたのですが、曲技飛行中も感無量でした。何とかしてフィナーレを満足のいく演技で終わらせたいと思いましたが、気象隊は「週末は次第に下り坂になり、金曜日（八日）頃には雪が降る」と、何とも無情な予報を出しています。この日は約千四百人の方々を招待していましたし、T2ブルーの最後の勇姿を披露する前に、露払いとして今後彼等に続くT4の〝訓練飛行〟を計画していましたから、少なくとも午後いっぱいは好天であってほしかったのです。

しかし気象隊は、午後は曇天で夕方から雪だと〝自信ありげに〟予報します。そこで「苦し

い時の神頼み」、私は近在の神社に参拝して、何とか一日天気が持つように祈願に行きました。神主の佐藤氏は地元では超能力者と言われている方ですが、「明日は雲間から薄日はさすが風は強く小雪がちらつくしばれる日である」と、気象隊の予報と同じことを言うので、私は「午後一時から三時の間だけでも風を止め、雲を払い、出来れば暖かな小春日和にしていただきたい。雪などもってのほか、夜まで降るのを止めてほしい」とお願いしました。すると佐藤氏は「司令さんは無理な注文が多いな〜」と一笑しましたが私は真剣です。「先生はＵＦＯを自由に操《あやつ》る超能力者じゃありませんか。明日こそＵＦＯで基地上空の天気を良くしてそれを証明していただきたい！」と〝厳命〟したのです。

佐藤氏は「いや〜ひどい命令ですな〜」と笑いながら神官の白装束に着替え、神前に座りご祈祷《きとう》をしてくれましたが、終わるとこう言いました。

「司令さん、大丈夫。自信を持っておやりなさい」

当日は予報通り朝から一面の厚い雲に覆われていましたから、副司令以下皆沈痛な顔をしていて、特に飛行群司令は天候に応じた飛行区分をどうするか検討中でした。

出来れば何のさわりもない区分Ａ（すべて計画通り）が望ましいのですが、区分Ｂ（一部縦系統を削除）くらいは実施したい。ダメでも水平系のフライトだけでもやらせたい……、そんな表情が見て取れました。皆の気持ちは一致していたのですが、科学的根拠がある気象隊の予報が彼等の希望を打ち砕きます。しかし私は〝予言〟を信じて「区分A」で計画するよう指示したのです。

　VIPが到着し始め、基地内は慌ただしくなってきましたが、皆さんあきらめ気味で、昼食時にはせめてT2による水平区分の飛行だけでも……、T4は無理しないでも次の機会があるという雰囲気です。

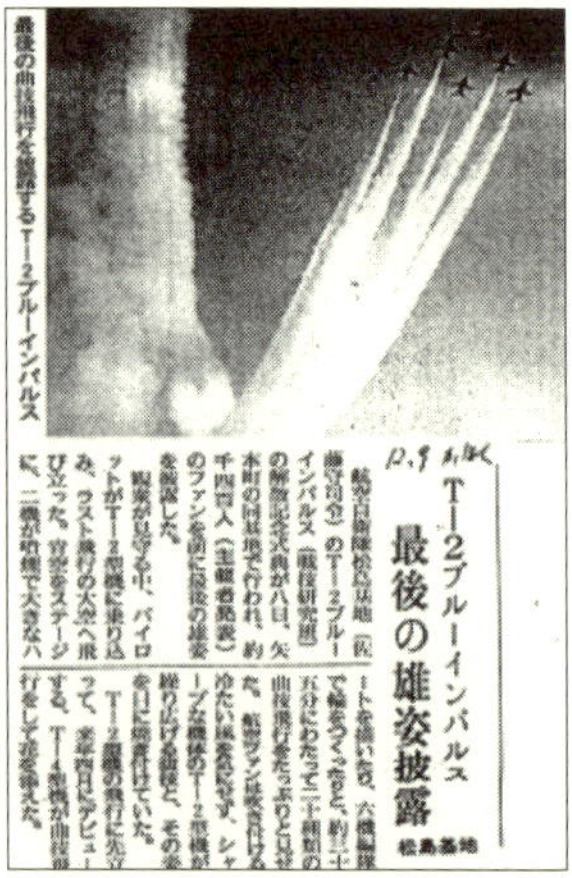
T－2ブルーインパルス
最後の雄姿披露
松島基地

無事交代したことを告げる新聞記事（「石巻かほく」1995年12月9日付1面）

　冷たい風が吹く野外で、部隊に対する表彰式などの行事が進み、いよいよフライトという段階になった時、なんと！　一転にわかに雲が切れ始め青空がのぞいたのです。飛行群司令から「T2、T4とも区分Aで実施します」と報告が来ました。この時の詳細は『ジェットパイロットが体験した超科学現象』（青林堂）に書いておきましたが、信じられないことに、とうとうまばらな雲で快晴に近く、風は微風状態になったのです。計画通りT4ブルーの露払いも済んで、T2ブルー6機による最後のフライトが滞《とどこお》りなく終了しました。

　無事に最終飛行が実施出来たことに、参会者を含めて大いに感動したのですが、私のこの日の日記には「極めて不思議の感！」と赤字で記入しています。「至誠通天」とはこのことを言うのでしょう。

こうして私は、T2ブルーインパルスから、T4ブルーインパルスへの交代任務を無事に終えることが出来たのです。

(4) 日米〝空軍友情物語〟

ついでに、空に生きる日米の男達のユーモアあふれる実話をご紹介しておきましょう。

平成八年二月八日の夕方、私のところに三沢基地司令時代の小林連絡官から「訓練中のF16・9機が、天候急変で三沢に着陸出来なくなり、松島基地に緊急着陸させてほしい、と米軍が言ってきたがどうでしょうか？」と直接電話が入ったのです。

松島も小雪がちらつき始めていて、多数機の緊急事態だからことは急を要します。ただちに許可して、矢本町長にその旨を電話で伝え、防衛部長には運用上の、装備部長には機体保管上の、人事部長には宿泊の準備を指示し、監理部長には報道各社に通知させました。

四時すぎに1番機が管制圏に入り次々と9機のF16が着陸しました。F16のパイロット達は、米国で基本操縦課程（T38）を受けた戦闘機課程学生を中心にエスコートさせ、彼等の学生宿舎に泊めることにしましたが、私は米軍が日本のビールが大好きなことを知っているのでビール1ケースを差し入れて〝英会話実地訓練〟をさせました。

深夜に三沢から整備員達が東北道をバスで到着しましたが、彼等はK准尉がスナックに連れ出し、ポケットマネーで整備員達と〝英会話訓練〟を楽しんだようです。

翌日、昼食時に幹部食堂に行くと、F16のパイロット達が学生パイロット達と「ナイフとフォーク」を使った〝特別食〟を食べていて、私と副司令を見るや一斉に立ち上がって敬礼しましたから「十分休めたか？」と聞くと「イェス・サー」という元気な答えが返ってきます。その時、基地の若い栄養士さんが彼等に〝コーヒーサービス〟を始めたのを見た副司令が「〇〇さん、我々には〝粗茶〟で、彼等にはコーヒーか？」とからかい、「団司令、日本人は戦争に負けてからどうも〝外人に弱く〟なりましたなあ！」と言って悪戯《いたずら》っぽく笑いました。

実は1年前のゴールデンウィークにもF16が10機緊急着陸する事態があり、その時は休暇で帰宅していた私の代わりに彼が一切の処置をして、当時の第35航空団司令ノーウッド准将から感謝状が届いたことがあったのですが、今回も同じく第35航空団司令のヘスター准将から感謝状が届き、それにはこう書いてありました。

「このたび当団のパイロットと整備員が貴基地を突然に訪問する事態が発生しましたが、その際の心温まるもてなしに大層感謝しております。部下の報告によると、西洋スタイルの素晴らしい食事が振る舞われたそうですが、これは明らかに貴部隊の食堂が第1級の施設であることの証明です。今回のような短時間での通報にもかかわらず、閣下が私の部下に与えてくれた素晴らしい心配りは、日本人と同義語でもある寛大さと親切心をはるかに超えるものであります。私は常日頃、私達のホストである日本国民と心のつながりの強化に努めております。近い将来に閣下の三沢基地訪問を計画し、是非とも閣下のおもてなしに対しお返しが出来ることを計画しております。このたびの私の部下に対する暖かい歓迎とおもてなし、本当にありがとうございました。……准将　ポール・V・ヘスター」

ところがこの「物語」には「オチ」があるのです。ヘスター准将は、全機帰隊した後すぐにお礼の電話をくれたのですが、その際私は一つだけ「クレーム」を付けたのです。

米軍の第13飛行隊のコールサインは「ショウグン（将軍）」、第14飛行隊は「サムライ（侍）」でしたから、「『将軍』とか『侍』とかいう呼び名は日本独自のものである。三沢は日米共同使用基地だから我慢したが、松島はれっきとした日本軍基地であるから失礼である！」と。もちろん冗談でしたが、まじめな准将は「ではどうすればいいか？」と聞いてきましたから、思わず「米軍機ら

F16が松島に緊急着陸、と報じる地元紙（「石巻かほく」1996年2月8日付3面）

しく、例えば『ジャックダニエル11とか、ワイルドターキー22』というコールサインで来ればもっと歓迎する！」と言ってしまったのです。

その後も何回か緊急着陸してきましたが、彼等は松島の管制圏に進入した途端、「将軍11・コールサインチェンジ。ディスタイム〝ジャックダニエル11〟」と呼び込んで着陸し、飛行隊に「コールサインと同じプレゼント」を置いて帰ったらしいのです。私のところには〝現物〟が届かなかったので確認は出来ていないのですが……。

このように彼等は実に茶目っ気たっぷりであり〝友軍〟として申し分ない連中でした。

この時の航空団司令ヘスター准将は、その後在日米軍司令官・兼第5空軍司令官に昇進しましたが、退官後、あるパーティでばったり会った時、彼から改めて当時のお礼を言われました。彼は忘れていなかったのです。今ではいい思い出になりました。

第9章

南西航空混成団司令時代（那覇基地）

1、特攻隊員の気持ちを偲ぶ

平成八年三月、私は沖縄勤務を命ぜられ、二年間務めた松島基地から沖縄に赴任《ふにん》しました。気温3℃の松島から、一気に20℃の沖縄に着任したのですから、冬服での着任式は苦痛でした。

沖縄勤務時代は、たびたび出張などで那覇と入間基地の間をT4で往復しました。途中、築城基地か新田原基地を経由するのですが、特に沖縄へ戻る時に、桜島の噴煙《ふんえん》を左手に、右手に開聞岳《かいもんだけ》を見て鹿児島上空を通過する時は、大東亜戦争末期に多くの青年達が帰らぬ飛行で通過していった同じ経路を飛ぶことに万感胸に迫るものがありました。

今は航法用の装備は整っていますから楽に飛行出来ますが、当時の海軍はまだしも、陸軍の特攻隊員達は苦労したことだと思います。その上、戦争中ですから、いつ何時敵機が襲ってくるか分かりません。今のように航空警戒レーダー網もなかったのですから。

しかも機材も十分ではなく、故障も頻発していたのですから、操縦桿を握る青年達は緊張の連続だったことでしょう。もちろん、人間としての最後のフライトですから、使命を果たしたいというプロの心と同時に、人間としての断《た》ちがたい感情も混ざっていたに違いありません。彼等もまた、眼下に見えるこの風景を見ながら、祖国に別れを告げて飛んで行ったのだと考えると、思わず姿勢を正して、はるか南の海に向かって敬礼したものです。

もちろん沖縄上空に達すると、沖縄戦史で研究した情景が目に浮かびます。この海面を覆うように米海軍艦船が停泊していたこと、絶え間なく砲爆撃が続いていたこと、そして沖縄本島では、血みどろな日米の戦いが続き黒煙が天を覆っていたであろうこと、そして特攻隊員達は、撃ち出される弾幕をかいくぐって敵艦船に突入していったのだと、当時の状況を思い描いたものです。そして今私がこの空域の防空任務を任されていることを思うと、身が引き締まる気分で約一年半勤務しました。

2、〝愛機〟との別れ

当時の沖縄はご承知のように大荒れの時期で、勤務は大変なところがありましたが、空中での飛行訓練は整斉と行っていました。

米軍との協同訓練や、アグレッサー部隊の来隊時には、よく訓練視察と称して飛び回りましたが、日米間の訓練は、2：2など戦闘機同士の各個空中戦闘訓練よりも、組織的訓練が主流になっていました。

日米協同訓練が終了するとパイロットや要撃管制官は、那覇基地から嘉手納基地へ移動して相互にブリーフィングを実施します。

しかし、我が方は第3世代のF4であり、相手は第4世代のF15ですから、三沢基地同様、航空機の性能の優劣はいかんともしがたいものがありました。

しかも当時の米軍は、嘉手納基地から交代で中近東のパトロールに出ていて、実戦経験豊富でした。彼等にとっては実任務がありますから、日米協同訓練はさほど重視していなかったようにも思われますが、三沢や百里基地時代と同様、空自隊員のパイロットセンスという面では彼等は一目置いていました。いざという時の〝同僚〟なのですからそれは当然でした。

飛行教導隊のＦ15に搭乗して空戦視察

巡回指導に来る飛行教導隊は、Ｔ２からＦ15ＤＪに機種更新されていましたから、私はその後席に乗って訓練視察をしたものです。

Ｆ15に最初に乗ったのは昭和五十八年、西部航空方面隊司令部の防衛幕僚時代です。宮崎県の新田原基地で、ＦＣ時代の教え子である鈴木孝雄１尉に乗せてもらったのが最初ですが、離陸直後にいきなり急上昇され、バックミラーに映っている離陸したばかりの滑走路がそこにとどまったまま、どんどん遠ざかっていくという、Ｆ15の強力なパワーを見せつけられて感動したものです。

操縦桿は軽く、その上視界が良いので後席で操縦していると、まるで魔法のじゅうたんに座っているかのような感覚でした。

その後も2回ほど搭乗しましたが、アグレッサーの戦闘行動はさすがでした。彼等が各基地を巡回して、戦闘訓練を指導していることは力強い限りです。

沖縄に来て、奇《く》しくも第三〇二飛行隊に所属していた未改修の３３６号機に再会しました。３３６号機は、私が百里基地で隊長をしていた時に、戦技競技会で搭乗した〝愛機〟だったのですが、沖縄では再び私の専用機になったかのようによく飛びました。

新田原基地でＦ15に同乗

コックピット内のところどころに錆《さび》が浮き出ていて、さすがに〝老い〟は隠せませんでしたが、平成九年六月、私のパイロット人生に幕を下ろすラストフライトはこの３３６号機でした。

宮古島と久米島、沖永良部《おきのえらぶ》などの離島分屯基地を訪問して、上空から「別れの訓示」をしたのですが、那覇基地上空でエスコート機から「こちらを向いてください」と注文があったので振り向くと、後席パイロットが、ま

ラストフライト

るでスクランブルでもするかのようにカメラを向けています。思わず「ありがとう」と言って敬礼をしたのが上の写真です。部下達の粋な計らいが身に染みました。

着陸すると、ランプ地区に消防車が待っていて、放水のアーチを描いています。その中を通過してランプに戻り機体から降りると、若い後輩達が翼の上からバケツで水をかけるのです。勢いよくかけたのであっという間に水不足、「なんだ、それしかないのか？」と声を掛けたら、後方の消防車のスピーカーから、「司令官、水はたっぷりあります」と言われ、直接ホースから水を浴びたのですが、これは〝シャバに出る前に三十四年間の垢《あか》を落とす？　儀式〟です。

それが済むと私は愛機であった「３３６号機」に近寄り、機首を撫《な》でて別れを告げました。この時ばかりは「老いた愛機」が「老兵」を力づけてくれているような気がして万感胸に迫りました。

Ｆ４ファントムは、導入時から政治的圧力でその力を十分に発揮出来ない宿命を負わされた機体でしたが、レーダーを始め強力な武装、改修に伴って得た最先端の技術など、航空自衛隊が押しも押されもせぬ近代空軍に脱皮するために欠かせない存在であり、各分野に大きく貢献した機体だったと思います。

放水行事（上下とも）

そして我々ファントムライダーにとっては、「空飛ぶダンプカー」の異名に相応《ふさわ》しい頑丈で強力で信頼性に富んだ名機でした。

こうして私は、平成九年六月二十五日に翼をたたみ、七月一日付けで三十四年間にわたる私のパイロット人生の幕を閉じたのです。

結び

思い返せば、昭和三十六年、防大3年生の時に築城基地で初めてT33で夢（悪夢？）のような体験搭乗を経験し、念願のパイロットコースに入って、昭和三十九年七月八日に静浜基地でT34メンターによる第1回目の飛行訓練に臨んだのでしたが、ラストフライトはあれから実に33年経っていました。

そして、我々防大7期卒のジェットパイロットは15名に過ぎませんでしたが、幸いなことに現役中、1人の殉職者も出すことなく、退官後も皆健康に過ごしています。きっと「ラッキーセブン」だったからでしょう。

ところで私の機種別飛行時間記録は次の通りです。

T－33A……1468時間

F－86F……1432時間

F－4EJ……405時間

F－1／T－2……198時間

T－4……132時間

T－1A……92時間

T－34A……67時間
その他（T－3、F－104DJ、F－15DJ、F－16D：米空軍）－10時間
総飛行時間：3804時間

最後に、パイロット人生で得た個人的な教訓を書いておくことにします。

それは私が徐々に年を重ねて、各地の部隊指揮官を務めた時に掲げた「指導目標」に集約されています。
1、任務第一！（自分の果たす役割を忘れないこと）
2、修養第一！（操縦馬鹿になってはならない。広く教養を身に着けること）
3、健康第一！（特に空中勤務者は健康管理が極めて重要。判断力に影響する）
4、家庭第一！（単身赴任で得た教訓。銃後を護る家庭の存在は偉大であること）

次に操縦者としての心構えです。
1、生き抜く意欲（平常心を失わないこと：パニックは死に直結する）
2、几帳面さ（どんな些細なことにも気を配る：細心の注意が未然に事故を防ぎ、身を守

退官観閲式

る）

3、天を敬い、地に感謝し、人の和を保つこと（3・5次元の世界＝宇宙界の厳しさを知れば、人は傲慢《ごうまん》ではいられない）。

今、改めて34年間の航空自衛官生活をふり返り「わが人生に悔いはなし！」と胸を張って言える幸せを痛感しています。

若い皆さん方が、大空＝3次元の世界にチャレンジされることを期待します。

（注）掲載写真は、主として著者撮影。一部航空自衛隊、及び米空軍写真班の撮影。その他数葉は（　）書きの通り

実録・戦闘機パイロットという人生

平成27年2月24日　初版発行

著　　者　佐藤　守
発 行 人　蟹江磐彦
発 行 所　株式会社 青林堂
〒150-0002　東京都渋谷区渋谷 3-7-6
TEL 03-5468-7769
印 刷 所　株式会社 シナノパブリッシングプレス

ブックデザイン／森嶋則子（SPEECH BALOON）
協力／株式会社スピーチバルーン
DTP／有限会社 天龍社

ISBN978-4-7926-0515-5 C0030

http://www.garo.co.jp

青林堂刊行書籍案内　元空将・佐藤守 既刊

ジェットパイロットが体験した超科学現象

定価 1600円（税抜）

自衛隊の「犯罪」雫石事件の真相！

定価 1905円（税抜）

大東亞戦争は昭和50年4月30日に終結した

定価 1905円（税抜）